觉醒
唤醒真实的自己

诸葛玉堂 ◎ 著

一万次的追寻之旅
2000年以后备受瞩目的修行课程

当代世界出版社
THE CONTEMPORARY WORLD PRESS

图书在版编目 (CIP) 数据

觉醒：唤醒真实的自己 / 诸葛玉堂著. -- 北京：
当代世界出版社, 2017.1
 ISBN 978-7-5090-1184-3

Ⅰ. ①觉… Ⅱ. ①诸… Ⅲ. ①人生哲学—通俗读物
Ⅳ. ① B821-49

中国版本图书馆 CIP 数据核字 (2017) 第 026777 号

书　　名：	觉醒：唤醒真实的自己
出版发行：	当代世界出版社
地　　址：	北京市复兴路4号（100860）
网　　址：	htip://www.worldpress.org.cn
编务电话：	（010）83907332
发行电话：	（010）83908409
	（010）83908455
	（010）83908377
	（010）83908423（邮购）
	（010）83908410（传真）
经　　销：	全国新华书店
印　　刷：	三河市兴达印务有限公司
开　　本：	880毫米×1230毫米 1/32
印　　张：	8
字　　数：	168千字
版　　次：	2017年4月第1版
印　　次：	2017年4月第1次
书　　号：	ISBN 978-7-5090-1184-3
定　　价：	38.00元

如发现印装质量问题，请与承印厂联系调换。
版权所有，翻印必究，未经许可，不得转载！

序言

醒觉之旅

如何走好人生路，我们需要镜子来正衣冠，指南针定方向，鞭策者的激励，催化剂以促成。一句话，从外至内，从不自觉到自觉。

沉睡与觉醒是艺术与哲学中的永恒主题，中国古代有"庄周晓梦迷蝴蝶"，现代电影里有《黑客帝国》。

一个契机，令人发现所在世界并非真实，还有另外一个世界的存在，同时，也发现这个世界中的自己，也不是真正的自己，真正的自己在现实中其实沉睡在培养皿中。这是一个典型的人类社会寓言。

在科技极为发达的社会，我们可以创造虚拟世界，却不能活在虚拟之中。可惜的是，虽然我们没有活在虚拟世界中，但我们却始终不肯直面真正的自己。有太多人被这个世界和外在的自己所迷惑，从而忽略了真正的自我，那什么是"真正的自我"？

"真正的自我"是始终伴随着我们成长的

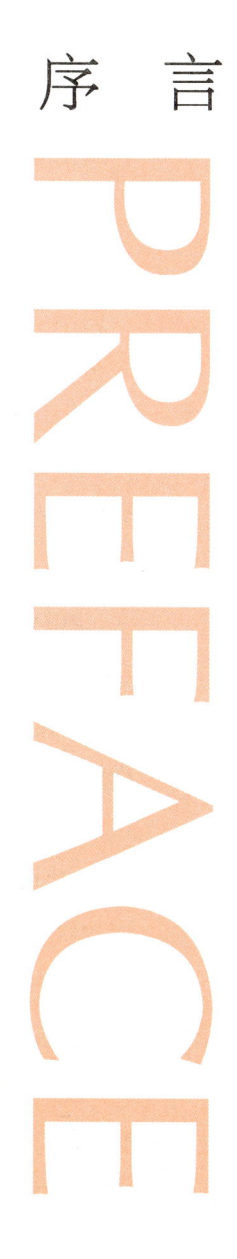

意识，是存在于我们内心深处的真我。西方文化习惯将它称为"灵魂"，东方文化将其称为"元神"，而我则更喜欢将它称为"真我"。

"我"和"真我"的区别在哪里？

"真我"拥有潜能的力量，不会因为外部事物的消失而消失，即使是死亡，也无法让"真我"发生改变。"真我"一直都存在于我们的身体之中，我们的肉身、思维、知识、观念会不断地发生变化，但是真我不会受影响，始终不会发生改变。

真我虽然一直存在，但是却可以休眠。我们通常无法感受到它的存在，更感受不到来自它的喜悦和平静，因为我们都忽略了它。

你的真我，正处于休眠状态。正是你对它的忽视，让它进入了休眠状态。

而我在本书中，就是带领你发现真我，令你的真我醒觉，令你重新发现自己的能量，重现你的意识之光。

人为什么会痛苦？

因为得不到自己想要的，成为不了想要成为的人。但是你想要的，不会从天上掉下来，需要你自己去争取，你想成为什么样的人，也需要自己去努力。

请默念这句话：我要为我的人生负责任。

我在课堂上，常常在写下这句话后告诉大家：恭喜你，你来到了生命的课堂。

我的课程，我管它叫"醒觉之旅"。

什么是醒觉？

醒觉是自省、醒觉是顿悟，醒觉是智慧，醒觉是了然因果。你种下什么样的因，就得到什么样的果。

同理，你现在生活中的"果"，正是自己过去种下的因。

当你开始改变，你的果就自然改变，你的果，取决于你活在什么样的世界，做出了什么样的努力。

阅读这本书的过程同样是"醒觉之旅"，你会在这里看到虚弱的自己，也会发现强大的真我，你会在这里认知到自己的茫然，也会从这里重见自己的智慧。

寻找真实的自我，发现真正的自我，是每个人的毕生课程。

请以这句话开始你的醒觉之旅：我发现我自己……

导　读
INTRODUCTION

你最需要的 4 把钥匙：
镜子、指南针、鞭策者和催化剂

☞ 镜子：你如何看到最真实的自我

在我多年的教练生涯中，我不断思考，作为教练，我应该在别人的人生中担任什么样的角色。这些年，我想我帮助了很多人，同时想要帮助更多人，这也是我写这本书的初衷。

从某种角度来说，教练其实就是一面镜子，一面将当事人的心态和行为真实反映出来的镜子。作为镜子，它不会对当事人提出任何建议，不会告诉当事人今天衣服穿得十分糟糕，但是它会让当事人看到自己的穿着。

作为教练，我要引导当事人发现自己的盲点，让他从镜子中了解自己的心态或者行为哪里有问题，这是非常重要的。这里我们所说的盲点其实就是当事人平时自己很难发现的那些问题。

现代心理学研究发现：一个人的价值观通常是在一岁到八岁这个时间段中形成的，而在之后的岁月中，他所做的一切都是为了证明自己的价值观正确。所以，当一个人超过八岁，外界想要改变他就会非常困难，他也不愿意改变。我教授的目的，就是让当事人了解自己，发现自己的问题，然后主动做出改变。

老子说："知人者智，自知者明。"这句话的意思就是，了解自己和了解他人都需要智慧，但是了解自己比了解他人要更加高明。是的，了解他人要比了解自己容易得多，人通常都"看不到"自己。

唐太宗时期，中国历史上有名的谏臣魏征经常向唐太宗进谏，直言他的错误所在，并且多次建议他内省，要居安思危。唐太宗在魏征的辅佐下开创了"贞观之治"。贞观十七年，魏征因病离世，李世民非常悲痛，对周围的大臣们说："人如果用铜做镜子，可以看到自己的衣冠是否端正；如果用历史做镜子，可以知道一个国家兴衰的原因；如果用人来做镜子，就可以知道自己的对错所在。魏征死了，我就失去了一面镜子。"

对于阅读这本书的你而言，你也需要一面镜子，通过这面镜子反映的真相，深刻地洞悉自己的状态，了解自己的心智和行为模式，了解自己的欲望和弱点所在，从而改变自己。

这就需要学会抽离自己，从高一级的角度审视自我，成为自己的镜子。我一直强调每个人都应该学会挖掘自己的潜能，很多人在没有外界引导的情况下，都忽略了自己应该发挥出来的潜能。当你认清自己，树立正确的目标，这就是激发潜能的开始。

你会在第二章"认清自我：真正的'你'到底是谁？"中获得"镜子"。

☞ 指南针：让我来为你引路

指南针能够帮助你认清自己现在所处的位置以及未来前进的方向，使你更高效地完成自己的目标。

当一个人找到正确的目标，并且一心向前时，整个世界都会给他让路；如果一个人没有目标，他只能成为别人实现目标的旁观者。每个人都知道目标的重要性，但并不是所有人都能认清自己，找到正确的目标。

☞ 目标决定未来

人生就像是一场旅行，旅行必须要有一个目的地，如果没有目的地，就不知道该往哪里走，不知道自己的未来要去何处，人生也是如此。

哈佛大学的一位心理学教授曾经针对人生目标这一问题，进行了长达二十五年的研究。

1953 年，这位心理学教授采用问卷调查的方式，向当年即将毕业的学生提出了一个问题：你的人生目标是什么？二十五年过去了，当年毕业的那批学生都走出了不同的人生道路，这位教授的研究团队对他们进行了追踪调查。

想要将二十五年前毕业的学生全部找出来是非常困难的，特别是在没有电脑和互联网帮助的时代。但是研究小组夜以继日地寻找，最终找到了大部分学生，完成调查任务。

研究人员将调查的结果进行汇总分类，得出了这样一个结论：在二十五年前的问卷调查中，面对"人生目标"的问题回答得越详细、越明确、越正面的人，现在的社会地位、经济水平以及个人成就感越高。

未来你想朝哪里走，想过上怎样的生活，想要实现什么愿望，想要成为一个什么样的人，这些都是你的人生问题，而只有尽早想清楚这些问题，你才有机会将它们逐一实现。

一个人只有有了明确的目标，才能够掌控自己的人生。而如果一个人没有人生目标，总是在漫无目的地生活，那他就无法掌控自己人生的方向，只能被生活推着走。因为一次意外的见面、一个意外的失误，都有可能导致他的人生道路被改变。

人生缺少目标，就没有了选择的标准，需要自己做出人生选择时，总是举棋不定，不敢也不愿做出选择，只能让别人帮助做决定。

当我们为自己的人生树立正确并且清晰的目标后，就会产生动力，去推动自己前进，而不是呆呆地站在原地，希望得到别人的帮助。为了实现目标，我们会付出努力、把握机会、挖掘自己的潜能，而这一切都会让我们的生活更加精彩，也更加有意义。

未来你希望自己成为一个什么样的人？你希望自己在哪方面有所成就？你希望自己的生活是什么样的？你希望自己的另一半是怎样的人？这些问题的答案都可以成为我们的目标。

在这本书中，我的第二个使命就是成为指南针，帮助你认清现状，寻找真相，清晰自己的目标。

你会在第一章"你不知道的人生真相"和第三章"信念是你最大的武器：只要你自愿点亮它"中获得"指南针"。

☞ 鞭策者：挖掘自己的潜能

我在职业生涯中经常会担任鞭策者的角色，帮助他人挖掘自己的潜能。很多时候我并不直接参与过程，但是我就像是一个引路者，引领他人找到藏有自己潜能的宝库。

要成为自己的鞭策者，首先要找到自己的目标、需求和价值观，然后使用教练的技巧，挖掘自己的潜能，提高自己的可能性。

鞭策者的作用在于打开那些限制人们发展的枷锁。每个人内心都有妨碍自己前行的障碍，这些障碍有可能是对失败的恐惧，有可能是对不确定性的担忧，有可能是对他人的排斥等等。让这些障碍对人们产生的影响最小化，也是鞭策者的任务。

20 世纪 50 年代，当有职业运动员 4 分钟跑完一公里后，无论是运动学专家还是生物学专家都得出一个结论：4 分钟跑完一公里是人类的极限，不可能再有所突破了。

但是 1954 年，一个业余运动员却打破了这个记录，这要归功于一个并不出名的教练，他用一种非常简单的方法，促使这位业余运动员突破了"极限"。

这位教练采取的方法是：将一公里进行八等分，根据选手体能消耗的情况，按照突破四分记录的目标，计算出跑完每段距离所需要的时间，然后在每段距离的终点安排一位手持秒表的助手，当选手通过时助手就将情况告诉选手"你跑得太快了，应该节省体力！"或者"你已经落后了，下一段距离需要提速！"通过这种方法，一位业余运动员突破了职业运动员创下的纪录。在这种方法被公布之后的几年里，又有很多运动员打破了四分钟的记录。

从上面这个案例中我们可以发现，最早运动员无法突破四分钟的记录并不是能力高低的问题，而是没有充分挖掘出自己的潜能。

我相信每个人的潜能都像藏在海面之下的冰山，虽然表面上看不到，但却蕴含着巨大的能量。我希望能在激发你挖掘自己潜能的同时，还能让你发现自己所拥有的巨大能量，从而对自己产生信心。

你会在第四章"意识进化：激发你的无限潜能"中获得"鞭策者"的钥匙。

☞ 催化剂：加速你的改变

催化剂是指能够提高或者降低化学反应速率的物质，虽然催化剂参与化学反应，但是其质量和化学性质在反应前后都不会发生变化，主要对化学反应起辅助的作用。

虽然我比任何人都希望能够帮助你成就自己，但是我明白：我的任务就是帮助你更快改变，更早行动，对你起到的是辅助作用，而不是直接参与其中，这一点非常像催化剂。

催化剂能帮助你从意念走向现实，帮助你更快速地转变。

你会在第五章"从意念到现实：你的传奇，你自己书写"和第六章"你的人生，将会是很好很长的一场修行"中获得催化剂的钥匙。

目 录
CONTENTS

序言 / I

导读 / 001

第一章　你不知道的人生真相

01 警惕人生迷雾中的陷阱 / 002

 骄傲的泥沼：永远觉得自己正确 / 002

 惧之禁锢：别让畏惧局限了你 / 008

 爱之迷惑：别让喜欢不喜欢迷惑了你 / 014

02 迷雾散尽后的真相：你可以走得更远 / 018

 拓宽你的心智地图 / 018

 不断成长的心智地图 / 023

 找到你的人生之道 / 026

第二章　认清自我：真正的"你"到底是谁？

01 摒弃假象：你不是倒影、奴隶与克隆人 / 034

　　倒影：为什么你映照出的永远是别人？ / 034

　　克隆人：最可怕的事情是你日复一日地复制自己 / 044

　　受害者：受害者幻象的本质，是我们不愿意承担属于自己的那份责任 / 048

　　不再把幻象当成自我 / 058

　　限制你的"牢笼"，永远是你自己画出来的 / 059

02 好了，现在让我们重新认清自己 / 062

　　第一个问题：你想成为什么样的人？ / 063

　　人生苦短，为什么不做真正的自己？ / 067

第三章　信念是你最大的武器：只要你自愿点亮它

01 从改变信念开始，重新控制自己的人生 / 074

　　光芒就潜藏在你的信念之中 / 074

　　好信念与坏信念 / 078

　　摆脱坏信念：从"我不能"到"我可以"的转变 / 087

　　为自己植入好信念：你期望什么，就会得到什么 / 093

　　有了成功的信念才会成功 / 095

02 没有黑暗能够战胜真正的光明 / 098

　　过去并不等于未来 / 098

　　比身体自由更重要的是心灵自由 / 101

第四章　意识进化：激发你的无限潜能

01 冲向苍穹前，让我们一起砸烂牢墙 / 108
意识使你自我觉察 / 108

意识进化的四个阶段 / 113

所有的"被迫"，其实都是我们自己的选择 / 117

让拖延远离我们 / 123

02 潜能的释放量，决定了你的人生高度 / 129
点燃你心里的火山 / 129

成功的人往往能够忍受孤独 / 134

一胜九败的勇气 / 137

03 让意识成就我们的力量 / 142
这一次，你可以选择强大 / 147

锻炼吃苦的能力 / 152

建立稳定且成长的自我，重新控制自己的人生 / 161

第五章　从意念到现实：你的传奇，你自己书写

01 唤醒你的内在神灵：找到你的人生蜕变轨迹 / 168
找到它然后持续向前——确定你的人生目标 / 168

踩稳每个属于你的立足点——从现状中寻找机会和可能 / 174

此心不动，随机而动——迁善让你立于不败之地 / 176

谋势而后动——让所有人都畏惧你的行动 / 179

02 人生真谛：爱出者爱返 / 182
　　喜欢是索取，而爱是付出 / 182
　　付出爱的人，也会得到爱 / 186
　　不要丧失爱的能力 / 192

第六章　你的人生，将会是很好很长的一场修行

01 我察觉自己，我爱自己 / 196
　　你最智慧的朋友：自我觉察 / 196
　　你终身的课题：自我悦纳 / 201
02 最强大的力量，永远在你心中 / 206
　　你最忠诚的伙伴：自我激励 / 206
　　你最好的成长途径：自我完善 / 212
　　你永恒的追求：自我超越 / 219

后记：点亮心灯 / 231

第一章

你不知道的人生真相

01 警惕人生迷雾中的陷阱

人生中有三个误区：骄傲泥沼（我永远是对的）、惧之禁锢（恐惧）、爱之迷惑（喜欢不喜欢）。这三个误区是我们人生中的三个陷阱，所有人或多或少都会受到这三个陷阱的影响。它们会让我们做出错误选择、裹足不前，也使我们无法认清自我的价值和最重要的是什么，使我们在无意识间丧失了对自己人生的主动权。

骄傲的泥沼：永远觉得自己正确

☞ 全能幻想

世界上最伟大的科学家

有个科学家被称为"世界上最伟大的科学家"，因为他在科学领域做出了卓越贡献，使得很多绝症病人延长了生命，甚至有人给他取了个外号，叫作：死神的对头。

但是"死神的对头"却被告知他即将死去——死神准备亲自来带走他。科学家并不想被死神带走，于是想方设法利用强大的科学手段，克隆出 10 个完全一样的"自己"，希望通过这种方法来迷惑死神。

在经历了一次又一次的实验之后,科学家成功了。他看着10个和自己分毫不差的复制品,他们的行为、动作和表情都和自己毫无差别,科学家叹息着说:"这才是我最伟大的作品"。

很快,死神找到了科学家,而科学家的妙计也起了作用,死神面对11个完全一样的科学家,无法分辨出哪一个才是要带走的人,只好选择离开。

但是没过多久,死神就想到了一个可以找出真正科学家的方法。

死神再次回到科学家的实验室,科学家又将11个一模一样的"自己"集合到一起,想要再次迷惑死神。但是这次死神并没有认真去分辨他们,而是轻描淡写地对着11个科学家说:"我不得不说你是一个非常优秀的科学家,你克隆出来的'自己'简直太出色了,但是也只能说是出色,不能说是完美,因为我还是从你的复制品身上发现了一些小缺陷。"

死神刚说完这句话,队伍中真正的科学家马上就大叫起来"这怎么可能,我的作品绝对是完美的,怎么会有缺陷!"

科学家刚说完,死神就一把抓住他,将他带走了。

在这个故事中,害死科学家的不是死神,而是科学家自己的骄傲自负。

心理学中有一个名词叫作"全能幻想",比如人类在婴幼儿时期,内心会产生全能幻想:

幻想自己是全能的,自己想要的都能得到。

幻想世界是围着自己转的,只要自己哭闹,母亲就会马上赶到身边。

幻想自己是世界的主宰。

我们绝大多数人,随着年龄的增长,从婴幼儿长成儿童、少年、成人,都会在表面上摒弃自己的全能幻想:我们逐渐明白自己不是全能的,世界不是围着自己转的,我们也绝不可能是世界的主宰。

但是,还有一种深层次的全能幻想在我们心中,那就是"我永远是对的"。觉得自己才是最正确的,是我们人生中最大、最难以抵抗的陷阱,因为很多时候,我们不是不能抵抗,而是不愿抵抗。

即使一个看上去很谦虚的人,他内心,其实也认为自己永远是对的,绝大多数人内心深处,都认为自己永远是对的。

因为有这种"全能幻想",我们才会不断和别人争吵。

为什么要争吵?现实和自我认知出现了偏差。我们觉得自己是对的,这是自我认知,现实是,别人觉得我们是错的,这就产生了偏差,不争吵才怪。

争吵的目的,就是说服别人认同我们是对的,认同我们的全能幻想。

在很多社会新闻中,夫妻争吵,最后妻子或丈夫以跳楼、跳河相威胁,还真有跳下去的,跳下去前常常会说:老公(或老婆),你会后悔的!

这就是用死亡来证明自己是对的。

同事间也常常出现这种情况，为了证明自己是对的，两个人争得面红耳赤，究其根本，不是为钱，而是为了面子。

在骄傲的泥沼之中，我们向他人展示的是一个狭隘的自我。我们总是生活在自己的世界中，将自己的思想作为衡量一切事物的标准，无论发生什么事情，我们都会主观去臆测，然后将自己臆测的结果看作是事实。

如果我们深陷骄傲的泥沼，那么无论我们走到哪里，都无法认清事情的真相，因为我们总是受到自己狭隘思想的限制，让沟通和交往变得难以进行，冲突由此而产生。

骄傲泥沼的进阶是："我的想法是对的，你的想法是错的，如果你不愿意改变，你就是在和我作对；上升至国家层面，如果你不能听从我的国家的指令，我就无法与你共处。正是因为受到自己狭隘思想的限制，世界上便常发生战争。"想要摆脱骄傲的泥沼，需从三个方面着手（见图1-1）。

☞ **承认我是错的**

真正具备智慧的人，他首先认知的不是别人，而是自己。他知道自己不会永远都正确，同时他也知道，大多数人都认为自己是正确的。

从婴幼儿时期"世界围着我转"的全能幻想，到成年以后，我们知道"我不是世界的中心"，这是我们心灵的第一次成长。

只有我们开始承认"我们有时犯错，我们常常犯错"，我们才开始心灵的第二次成长。直到认识到这一点，我们才能够走向成熟。

```
脱离骄傲的泥沼 ─┬─ 1 承认"这是我的错"
                ├─ 2 做到"君子不争"
                └─ 3 淡化"自我意识"
```

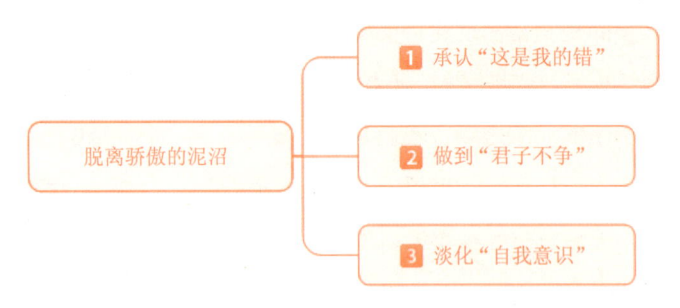

图 1-1 脱离骄傲的泥沼

最有智慧的一句话：这是我的错！

只有成熟、有智慧的人，才善于认错、勇于承担责任：这是我的责任！这是我的错！

我常常说：人生只有两个字，一个字是"对"，一个字是"赢"，你只能要一个，你是要对还是要赢？

对，是面子，赢，是里子。

如果我问你，你肯定说，你要赢。

但是现实中，我们往往会把它抛诸脑后，普通人的每一天，宁可输，也要对！一定要挣回面子、争个是非对错出来，这个赢字，就离我们越来越远了。

只有我们愿意放下面子投降，愿意说"我错了"的时候，人生才会有更多赢的机会。

这是一种君子不争的智慧。

☞ **君子不争**

为什么我们会和他人起争执？矛盾很多时候是从骄傲开始的，矛盾双方各自有各自的骄傲，都认为自己才是正确的，都不愿意退让，就此一发而不可收，因此我们需要学会不争。

道理很简单，但是做起来却不然，想要做到不争是非常困难的。

人是一种感情动物，有意识、有思想、有欲望、有憎恶，想要真正做到不争，首先要清心寡欲、看淡名利，这一点就难倒了很多人。

我经常会提醒自己：心态平和，不故步自封，对自己的错误要敢于承认，这样才能进步。

一个人即使再聪明、知识面再广，也不可能了解所有的事情。骄傲的人在面对那些自己没有接触或者没有了解过的事物时，喜欢采取攻击或者敌对的态度，这种做法无异于坐井观天，限制了自己的成长。

☞ 学会淡化自我意识

自我意识强的人随处可见，几乎每个人身边都有那么几个。强烈的自我意识让这些人喜欢以自我为中心，这就造成一种偏执的骄傲：无论如何，只认为自己是对的。

每个人都有自己的思维方式，都有思考能力，都有判断一个人价值的能力，而不是由某个人强烈的自我意识决定。所以，强烈的自我意识只会让我们的人际关系更加糟糕，让我们的自我认知出现偏差。

自我意识是否强烈，和成长环境有非常大的关系，但是成长环境是我们无法选择的，所以我们需要做的就是提高对自己的认知能力，客观地评价自己，对自己有一个正确的认知，这是淡化自我意识所必需的。

要做到君子不争，还需要克制"好为人师"的心理。

相信不少人都遇到过类似的事情：一个人得知一件事情，然后针对这件事情发表了自己的看法。当然，这个人的看法只针对事情本身，没有针对任何人。但这时却出现了另一个人，他不同意这个人对事情的看法，然后发表了自己的看法，并且与第一个人针锋相对，希望对方能够接受自己的观点。

孟子说：人之患在好为人师。而上述事件中后面表达观点的这个人，就有强烈的"好为人师"心理。

"一千个人眼中有一千个哈姆雷特"，每个人对事情的看法都不相同，都会有自己独特的观点，如果我们不喜欢某个人的观点和看法，那可以选择忽略，强行上前"说教"是非常不理智的行为。

而且，大部分人并不喜欢被人强行"说教"，这种行为往往会激起对立的情绪，一旦形成对立情绪，接下来争论的所有事情就易出现偏差。因为"对立"和"争吵"会让我们的自尊心异常敏感，导致我们不愿意放下自己的骄傲，不愿意承认自己的错误。

惧之禁锢：别让畏惧局限了你

射箭的人

古时候有一个人从小就喜欢射箭，并且非常有天赋，长大之后箭术更是了得，很快就因为射箭而出了名。不少从外地慕名而来的人向他挑战，但最终都失败而归，时间久了他就成了公认的箭术大师。

一天，这位箭术大师听人说在很远的一座寺庙中有位禅师，这位禅师也精通射箭，大家都说他是因为学习了佛法才练就了不凡的箭术。这位箭术大师有些好奇，于是决定去寻找这位禅师，想和他比试一番。

数天后，这位箭术大师终于找到了那位精通射箭的禅师，他对禅师说："我听说大师射箭的技术非常厉害，并且是因为学习了佛法，修炼了心智之后才练就的。正巧我也略懂箭术，但是没有学习过佛法、也没有修炼过心智，难道没有专门修炼过心智就不能练就出色的箭术吗？"

禅师平静地回答："箭术不一定需要修炼心智。"箭术大师对禅师的回答并不满意，于是对禅师说："那为何其他人都说大师的箭术是修炼了心智之后才练成的？不如现在我们来比试一下，看看箭术究竟用不用修炼心智。"

箭术大师说完不等禅师说话，便拿起自己的弓，抬手就是一箭，非常精准地射到了远处一棵大树的树枝上。箭术大师射完一箭后微笑地看着禅师说："该大师了。"

禅师看到箭术大师射出的一箭后没有说话，只是默默地摇了摇头，然后将自己的弓箭拿了出来，转身向旁边的山林中走去。箭术大师不知道禅师要做什么，但既然拿了弓箭，肯定是要和自己比试，也就跟了上去。

原来山林的后面有个悬崖，连接悬崖两边的是一座吊桥。不过这座吊桥明显已经很多年没人修理过了，桥面的木板缺失了很多，吊桥的绳索看上去也像随时要断开一样。这时就看禅师走上了吊桥，这吊桥摇摇晃晃，不断有碎片掉下来，吊桥的绳索发出咝咝啦啦的声音，仿佛下一秒就要断开。箭术大师不禁惊呼，但禅师平静地在桥上走，丝毫没有受到影响。禅师搭弓射箭，一箭正中吊桥对面一棵大树的树枝。这时禅师又稳步返回了吊桥桥头，依然默不作声。

箭术大师明白，现在该自己上吊桥去射箭了。但是看着眼前破烂不堪的吊桥，箭术大师实在无法稳定心神。他瞻前顾后，禅师静静地看着他，似乎在等他上去，又似乎在等他放弃。

终于，箭术大师一咬牙，向桥上走去。

当他小心翼翼地走到吊桥中间的时候，心开始狂跳不止，手也在颤抖，就这样，他勉强射出一箭。这种情况下射出的箭其结果自然是不难想象的，箭矢远远地错开了目标，射入了旁边的草丛之中。箭术大师无心恋战，几乎是哆嗦着从桥上下来了。

这时禅师对箭术大师说："你的射箭本领确实十分厉害，但是射箭不是只有技术才行。真正的高手，一定要有一颗无畏的心，如果你出于恐惧而不敢上桥，也不失为智者的选择。但是你既然都上桥了，为什么不能放下内心的恐惧，好好地射出手中的箭呢？箭术如此，人生也是如此。"

箭术大师与禅师射箭的本领究竟孰高孰低？

我想，单凭技术，箭术大师一定不会输给禅师，但是箭术大师输的是那一颗心。禅师无惧，而箭术大师有惧。

很多时候，我们就像那个箭术大师一样，上桥之前瞻前顾后，上桥之后又畏畏缩缩，明明自己有十成本领，因为心态不行，连三四成都发挥不出来。

人生就是这座摇摇晃晃的吊桥。畏惧给我们带来的影响，实在太大了，但既然我们都上桥了，为什么不能静下心来，好好地射出自己的箭呢？

有的人永远生活在忧虑之中，做生意的时候害怕生意亏本，出门的时候担心遇见坏人和小偷，走入婚姻之前担心离婚，不敢开车因为怕出车祸、不敢创业因为怕失败……

一个忧字，使我们不敢前进，一个怕字，使我们做事常常半途而废。

畏惧像是一副无形又沉重的镣铐，把我们紧紧地禁锢在原地，使我们不敢、也无法前进。

如果你总是因为畏惧而不敢前进，你就会成为一个懦弱而不自知的人，还自诩保守。

比不敢前进更可怕的是中途放弃。

如果你总是因为害怕而放弃，你就会成为一个做事习惯性放弃的人，还把期望寄托于下一次。

如果一个人总是下决心做一件事情，又因为畏惧困难中途放弃，就会形成一种固定的思维模式，以后的行为和选择也会本能地倾向于使用这种模式。最后，我们就会对自己失去信心，不再相信自己。

畏惧本身不可怕，可怕的是我们因为畏惧而停止前进和放弃自己，因为怕，我们不敢前进，因为怕，我们只能选择放弃。

畏惧给我们带来的，是无穷无尽的负面影响。

如果世界上所有的人都被畏惧所局限，我们现在所处的世界绝不会像现在这样美好。如果因为害怕失败，没有人搞研究，那么我们冬天没有暖气，夏天没有空调，甚至连电也没有！

正是因为那些无所畏惧的人，我们的生活才如此美好。

其实，我们越害怕的事情，就越会发生，所以，还不如索性不要害怕。

纵观世界上那些成功的人，他们有一个共同点，那就是：我不怕！

这个世界是冒险家的乐园，所有成功者的成功，都是从做别人怕而他不怕的事情开始的，比如说第一个吃螃蟹的人。世界上的很多事情，都是无所畏惧的人开始做的。

我们因为害怕失败而不敢尝试，总喜欢沿着别人走过的路去走，殊不知，别人走过的路，我们再走，还有多少余地留给我们呢？

怕是没有用的，只有不怕，我们才有机会！

放下心中的恐惧

C是一家外贸公司的业务员，最近他的工作陷入了危机，因为工作状态不佳，他已经几个月没有完成业绩任务了，如果再这样下去，被公司辞退是早晚的事情。就在他一筹莫展的时候，突然想起来自己手中还有一个大客户的资料，如果这位大客户能够和自己签订合同，不但能够完成这个月的任务，还能够将之前没完成的任务全部补齐。

不过，C之前和那位大客户联系过，对方似乎对他们公司的产品并不感兴趣。该不该找对方去谈业务呢？如果去找他吃了"闭门羹"怎么办？C为了这个问题每天吃不好睡不好。

最后C找到我寻求帮助。当我了解了他的现状之后，对他说："现在你还没有去找对方谈，自己就在考虑对方会拒绝，你抱着这种心态怎么可能取得业绩呢？"

C说："虽然这次我还没联系他，但是之前联系过，这个人对我们公司的产品似乎没有什么兴趣。"

我说："你对联系对方感到畏惧我能理解，但是现在有两个选择：选择一，不要让畏惧影响你，自己走出困境；选择二，跟随你的畏惧，什么也不做，坐等公司把你辞退！"

C说："我当然想让自己走出困境了。"

我说："那么你现在觉得畏惧有助于你达到目的吗？你觉得自己去谈，成功的概率有多大呢？"

C说："畏惧对达到我的目的没有任何帮助，如果我去谈的话，谈成的概率有30%。"

我说："那现在问题就很简单了。只要你去，就能够有30%的成功概率，如果你不去，那你被辞退基本就成了定局，而且畏惧对你达到目的没有任何帮助，现在你再考虑一下应该怎么去选择。"

C听完之后，立刻开始行动，最后成功地拿下了这个客户。

如果我们细细回想，就会发现，很多时候我们都是在自己"吓唬"自己。我们经常会做出一些不好的预判，比如：如果对方拒绝我怎么办？如果这次失败了怎么办？这些不好的预判其实就是恐惧，是对未来不确定性的恐惧。如果不能放下心中的这种恐惧，其将严重阻碍我们对潜能的发掘，阻碍我们实现目标。

不要对所有事情都充满担心和畏惧，真正应该担心和畏惧的事情是无所事事。

其实，我们来到这个世界上，就没有做过活着离去的打算（因为我们都知道这是不可能的）。那既然这次生命之旅必死无疑，又有什么可害怕的呢？

活着，就不能怕被伤害。因为受伤害、受苦乃是人生的常态，如果一个人不能主动迎接伤害，那么被动接受伤害只会让你更加痛苦。

要勇敢地告诉自己：我不怕！

爱之迷惑：别让喜欢不喜欢迷惑了你

李尔王

在莎士比亚的《李尔王》中，讲述了这样一个故事：

年事已高的李尔王准备退位，他想将自己的土地分给三个女儿。在进行土地划分的时候，李尔王让女儿们表达对自己的爱戴，以便根据女儿对自己的爱戴程度决定国土的划分。李尔王的大女儿和二女儿为了得到更多的土地，都竭尽全力地夸奖和赞美李尔

第一章
你不知道的人生真相

王，只有三女儿考狄利娅没有这么做，她选择用真诚又质朴的方式来表达自己对李尔王的感情。然而李尔王并没有体会到三女儿感情，他驱逐了考狄利娅。但是考狄利娅的诚实得到了法国国王的欢心，于是考狄利娅成为了法国的王后。

李尔王在将土地分给大女儿和二女儿之后，她们对待李尔王的态度马上发生了变化，开始折磨李尔王，并把他赶出了宫廷。李尔王认为这一切都是因为自己误解了三女儿，所以才受到惩罚。就在他无比懊悔的时候，突然来了一个圣徒。李尔王将自己的错误告诉了圣徒，并绝望地对圣徒说，他认为考狄利娅不可能原谅他了。但是圣徒却对李尔王说：考狄利娅从来都没有憎恨过父亲。原来这个圣徒就是考狄利娅。当考狄利娅得知父亲的遭遇后，带领一支军队秘密地赶来，因为担心父亲承受不住折磨，所以在开战前特意来看望父亲。

但是结局是让人悲伤的。考妮狄娅带了一支大军来拯救李尔王，可是失败了，考妮狄娅因此而死。李尔王终于明白谁才是最爱自己的人，自己因为不喜欢小女儿说的话而付出了什么样的代价。最终痛苦的李尔王忧愤而死。

一个人的喜欢和不喜欢，我这里管它叫"主观爱憎"，人的主观爱憎，会给我们的人生带来很大的影响。

我每次在课堂上提问：你们有没有因为自己的"喜欢不喜欢"付出过代价？

大家总是会回答：有的，然后纷纷说出自己的故事。

古今中外，因为自己的主观爱憎而吃了大亏的人不在少数，在文学作品中，最著名的就是莎士比亚的四大悲剧之一《李尔王》。李尔王因为主观不喜欢听小女儿的话，付出了极大的代价。

爱是每个人的天性，爱也是每个人能够付出和得到的最好的东西。但是当你被自己的主观爱憎迷惑时，爱就变成了阻挡我们视线的烟幕弹，使我们无法看清好坏、真假、也无法正确辨别自己的方向。

爱带来的既有真诚，又有迷惑。

我们常常听到小孩子说："我不喜欢写作业！我喜欢打游戏！"

听到这幼稚的语言，父母往往会笑一笑说："你不喜欢也没用啊，你不喜欢写作业也要写啊。"

我们小时候的行为受父母的控制，即使自己不喜欢做的事情也必须去做，自己喜欢做的事情也常常被迫不能做，但也正是因为我们无法随自己主观爱憎随心所欲地生活，我们才能健康平安地长大，学到知识和本领，最终在社会上有了自己的立足之地。

如果完全根据喜欢不喜欢的心意去生活，我们的人生一定会遭遇很多悲剧。

☞ **别让你的心限制了你的世界**

越是联系广、能量大的人，主观爱憎所产生的影响力就越大，普通人的主观爱憎只会影响自己，但是有能力的人的主观爱憎，却能影响更多的人。

放下我们的喜欢不喜欢，放下我们的主观爱憎，不要被它控制。

很多人都无法接受他人的"错误"和"毛病",发现他人的缺点要么立刻指出并指责对方,要么心怀鄙夷不喜欢对方。

物理学知识告诉我们:力的作用永远是相互的,人和人的关系也是一样。当我们排斥一个人时,也会因为反作用力而受到排斥;当我们理解一个人时,对方也会理解我们。如果我们能够让自己的思想不再那么狭隘,不用喜欢或不喜欢去评判对方,对别人多一些理解和共鸣,我们和他人的关系就有可能发生意想不到的变化。

前者让我们四面树敌,困守绝境,而后者则会让我们广受支持,开辟疆域。一个人的思想越狭隘,他的生存环境就越恶劣,反之也是如此,一个人的思想越开阔,他的生存环境就越舒适。

我们过去的经历使我们形成了看待事物的标准,我们的经验和经历形成了我们的行为模式。而我们自身的经验不一定是对的,它非常之主观。

我们想要进步,想要突破自己的人生,首先要突破自己。

突破自己从哪里开始?

从改变自己的行为模式开始、从反思自己的主观经验开始、从摒弃自己的主观爱憎开始。

爱之迷惑、惧之禁锢、骄傲泥沼,这三个人生的陷阱,表面上看是我们的心智问题,其实根源在于:我们的心量太小,格局太小。

如果我们的心太小,就会被自己的主观爱憎所迷惑;如果我们的心太小，就无法摆脱畏惧给我们带来的影响；如果我们的心太小，就会除了自己的骄傲什么都装不下。

别让你的心，限制了你的世界。

02 迷雾散尽后的真相：你可以走得更远

人生像在大海中航行的船，我们就是自己这艘船的船长，和普通海上航行不同的是，我们的旅行并没有详细的航海图，我们只是从他人的口中大概了解了世界的格局，但是这些人所提供的信息是真是假，是对是错，我们并不知道，所以我们需要在人生的航行中根据自己的所见所闻绘制自己的航海图，而这幅航海图就是我们的心智地图。

只有迷雾散尽之后，我们才会发觉：原来我们可以走得更远。

拓宽你的心智地图

☞ 心智地图决定你的人生版图

人生百味，每个人各有体会，但是其中最让人难以接受的就是后悔。为什么后悔是最让人难以接受的？因为后悔意味着我们对事情曾经有选择权，我们可以让事情有不一样的结果，但是我们没有选择正确。

实际上，当我们回首往事的时候，总是会对很多事情感到后悔。为什么当时自己会做出现在看来明显是错误的选择？是什么在影响自己？

答案就是心智地图。每个人的心智地图都不一样，这幅地图告诉我们应该成为一个什么样的人，有什么样的价值观，将什么作为信仰，要过什么样的生活。

我们绘制的心智地图的大小，决定了我们可以走多远。

绘制我们的心智地图需要尊重事实，将虚假的东西全部抛弃，只有这样，我们才能更好地解决遇到的问题，如果我们不了解事实，被虚假所迷惑，那我们解决问题时只会越做越糟糕。

从某种角度来说，我们提到的心智地图，其实就是我们对现实的认知。如果这幅地图非常精准细致，那我们很容易找到自己的位置，知道自己未来的方向在哪里。但是如果地图中有不真实的地方，这就会让我们产生迷茫，让我们迷失方向。

道理并不复杂，我们很容易就能理解，但是很多人却并不重视这些。

我们刚来到这个世界时，一切在我们看来都非常陌生。为了能够在这个世界生存下来，我们需要对这个世界有足够的了解，有一幅正确的心智地图。这就需要我们去努力，去绘制自己的心智地图。我们做得越多、经历得越多，地图就绘制的越精细。这对于我们未来的成长非常重要，但是，现在很多人却对更新自己的地图并不感兴趣，他们总是拿着过时的地图来指导自己前行。

一些人刚成年就放弃了对地图的绘制，他们对世界的认知就停留在青少年阶段，这种认知是片面的、狭隘的。一些人到中年就认为自己的心智地图已经足够完美，不需要再进行扩展更新了,他们对新生事物持排斥态度,虽然刚进入中年,却有了暮年的气息。只有极少一部分人能够不断扩展和细化自己的心智地图,不断更新自己对世界的认知。他们愿意学习、愿意接受新生事物,这种求知欲一直持续到生命的终结。"生命不息、学习不止"指的就是这部分人。

☞ **随着世界的变化,我们需要随时更新自己的地图**

我们所在的这个世界不是一成不变的,它每时每刻都在发生变化。技术随着科技的变化而变化,文化随着时间的变化而变化……因此,我们对这个世界的认知也会不断发生变化。

当我们从一个嗷嗷待哺,一切都要依赖父母的孩子,逐渐成长为一个自食其力并被父母所依赖的成年人时,对世界的认知会发生变化。随着年龄的增长,当我们逐渐丧失对身体的控制,需要依赖他人时,我们对世界的认知又会发生变化。

这些变化都需要我们对心智地图进行扩展、进行更新,否则,我们的认知就会出现问题,我们的世界观也会因此而变得混乱。

当我们需要大幅度改动心智地图时,会感到非常困难,同时还会因为不适应感觉非常痛苦,甚至产生种种心理方面的疾病,但这是每个人都必须经历的,如果你不愿意经历,不愿意承受,你将会被社会所抛弃。

人生短暂,很多人只是想顺利度过自己的一生,他们用了数十年时间才建立起自己的世界观,有了一幅自己满意的心智地图。但是随着世界的变化,不断出现的信息可能会改变他们以往的认知,接受这些信息就要大范围地改动,甚至是推翻之前的心智地图，因此，他们面对这些信息会产生恐惧的心理，于是选择逃避或者对信息视而不见。

一些极端的人不但拒绝新信息，还驳斥新信息，认为这些是错误的，是需要批判的。

这些人固执地守着自己过时的心智地图，认为凡是和自己过去认知不同的都是错误的，从不考虑问题是否出在自己身上，是否是因为自己的心智地图很久没有更新了，这是让人感到可悲的。

☞ 心智地图指导我们前行

虽然我们平时很难意识到这幅地图的存在，但是它就存在于我们的内心深处，并且在我们无从察觉的情况下对我们的方方面面产生影响。

一个人对自己认识得越深刻，价值观越明确，使命感越强，信念越坚定，这个人的心智地图就越精细、越宽广。一幅宽广而又精细的心智地图，会将我们生活的细节全都包含在内，会在我们需要做选择的时候提供正确的指引，让我们朝正确的方向前进。

但是，并不是所有人的心智地图都是精细而又宽广的，很多人的心智地图既粗糙又狭窄，甚至其中有很多内容是相互矛盾的。他们不知道自己前进的方向在哪里，他们不知道自己想要的生活是什么样，他们的价值观自相矛盾，他们的信念不断改变。因此，每当他们需要做出选择时，就会犹豫不决，不知道如何去选，甚至会选择错误的道路。

这时我们就会发现，一个人做出错误的选择大多是因为他的心智地图不够精细、不够宽广（见图 1-2）。

```
                          ┌─────────────────────────────┐
                          │ 总是将时间浪费在无意义的事情上 │
                          └─────────────────────────────┘
┌──────────────────┐      ┌─────────────────────────────┐
│ 不够精细、不够宽广的│──────│ 总是关注人生中不好的事情    │
│ 心智地图影响我们的人生│   └─────────────────────────────┘
└──────────────────┘      ┌─────────────────────────────┐
                          │ 总是强迫自己去做不喜欢的事情 │
                          └─────────────────────────────┘
```

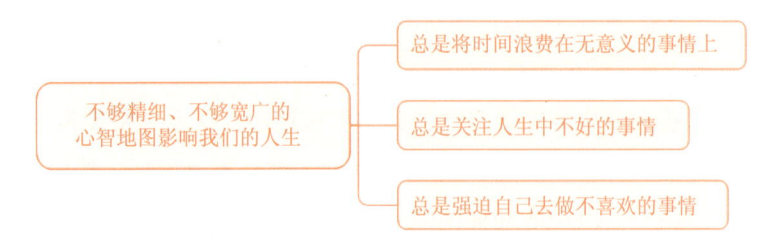

图 1-2　心智地图影响我们的人生

为什么有的人会将自己的时间浪费在一些完全没有意义的事情上？因为他们没有意识到时间对人生的重要性，没有意识到时间对自己的价值。

为什么有的人总是将焦点放在人生中一些不好的事情上，并且不断地向四周散发负能量，而忽略了人生中美好事物的存在？因为他们没有一个坚定的信念，他们的心态失去了平衡。

为什么有的人明明不喜欢一件事情，却总是强迫自己去做呢？因为他们不知道自己想要的生活是什么样的，更不知道自己应该如何去做，才能够获得好的生活。

这些人总是狭隘地思考问题，被眼前的需求所驱使，然后草率地做出决定，而不是将问题放入自己的心智地图中思考，谨慎地做出选择。

粗糙的心智地图总是让我们陷入困境，让我们无法安排好自己的生活，甚至让我们走上歧途。改变这一切，只需要让我们的心智地图精细一些，让地图中包含的内容再多一些，我们就能走出迷雾重重的困境，重新看见阳光，开始一个和之前不一样的人生。

我们经常说"失败是成功之母""没有失败哪来的成功"，但是，我们的人生必须遵循先犯错，再后悔，最后进行改变的模式吗？要知道，人生有些事情犯错之后可以改变，但有些事情却不能。对于我们来说，时间和精力都是有限的，如果在错误的道路上走得太远，我们再想要回头就会十分困难，同时将付出巨大的代价。要避免这种情况的发生，只能主动去扩展去细化我们的心智地图，保证我们始终走在正确的人生道路上，或者至少不会错得太离谱。

不断成长的心智地图

☞ 心智地图成长的五个阶段

西方心理学家将人类的成长划分成五个阶段，这五个阶段从低到高，每提升一次，人的思维也就更加开阔，对自己、对外界的认知也就更加深刻，人类的心智地图同样也会随这些变化而变得更加精细（见图1-3）。

第一阶段：处在这个阶段的人，他的心智地图是残缺不全的，因为心智地图的残缺，他们从没有看清过自己，也没有看清过世界。面对生活，他们就像是水中的浮萍，随波逐流，即使想要做出反抗，也不知道从何做起，因此会产生一种无力感。长期感受到这种感觉，会让他们的身心都严重受到影响，对人生失去希望。

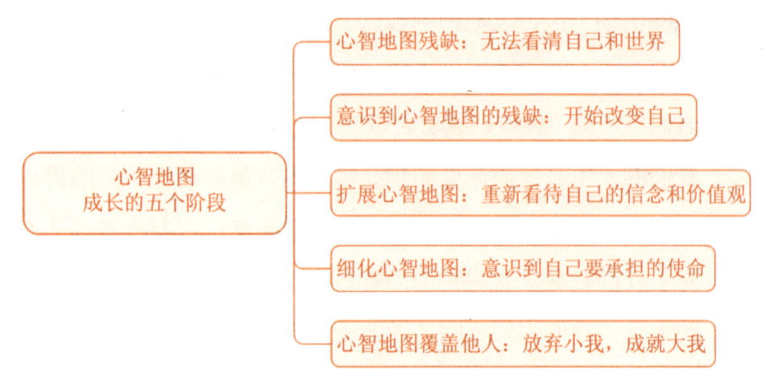

```
                    ┌─ 心智地图残缺：无法看清自己和世界
                    │
                    ├─ 意识到心智地图的残缺：开始改变自己
  心智地图           │
  成长的五个阶段 ────┼─ 扩展心智地图：重新看待自己的信念和价值观
                    │
                    ├─ 细化心智地图：意识到自己要承担的使命
                    │
                    └─ 心智地图覆盖他人：放弃小我，成就大我
```

图 1-3　心智地图成长的五个阶段

第二阶段：这个阶段的人已经意识到自己的心智地图不完整，意识到自己需要改变，于是开始挖掘自己的潜能，改变自己的意识，通过这些方式来改变生活。

第三阶段：处于这个阶段的人开始扩展自己的心智地图，重新看待自己的信念和价值观，因为这时的他们知道，如果将人看作是一列火车，那信念和价值观就是火车头，不仅会带动火车前进，还会引导火车前进的方向。

第四阶段：到达这个阶段的人，开始进一步细化自己的心智地图，他们会意识到自己所要承担的使命，会认识到人生中充满了苦难，而苦难也是人生的必修课。只有接纳人生中所遇到的一切事情，通过苦难来磨炼自己，自己才能真正不断成长。

第五阶段：人到达这一阶段时，心智地图开始覆盖他人，所以视角也就开始从自身转向他人，意识到除了自己还有他人的存在，意识到自己在世界上是微不足道的，因此需要放弃小我，完全融入到世界中去，成就大我。

1921年，著名物理学家爱因斯坦获得诺贝尔物理学奖，在颁奖现场致辞时，爱因斯坦说："我们这些总有一死的人的命运是多么奇特呀！我们每个人在这个世界上都只做一个短暂的逗留。目的何在，却无所知，尽管有时自以为对此若有所感。但是，不必深思，只要从日常生活就可以明白：人是为别人而生存的——首先是为那样一些人，他们的喜悦和健康关系着我们自己的全部幸福；然后是为许多我们所不认识的人，他们的命运通过同情的纽带同我们密切结合在一起。我每天上百次地提醒自己：我的精神生活和物质生活，都依靠别人（包括活着的人和死去的人）的劳动，我必须尽力以同样的分量，来报偿我所领受了的和正在领受的东西。我强烈地向往着简朴的生活，我认为阶级的区分是不合理的，它最后所凭借的是以暴力为根据。我也相信，简单淳朴的生活，无论在身体上还是在精神上，对每个人都是有益的。"

个人只是外界的一部分，没有人可以孤立于整体而存在。有些人会产生一种感觉，感觉自己的思维和感觉是同外界相隔离的，也就是孤立存在的，这其实只是意识上的幻象而已。这种意识上的幻象就像是一个牢笼，将我们的意识困在其中，让我们的愿望无法得到实现，让我们对周围的一切感到陌生和恐惧。我们需要做的就是打破这个牢笼，将我们的意识解放出来，去接受外界的一切，去拥抱生命和大自然。

打破这一牢笼的过程就是从小我转换到大我的过程。当我们完成这一转变，就像是得道之人任由水流去控制船前进的方向一样，面对自然、面对外界的一切我们不再抗拒，不再惧怕。我们心甘情愿地将个人的利益放到大我的利益当中，我们体会到了真正的精神安宁和物质丰盛，我们不再会因为内心的茫然而产生疑惑和痛苦。

如果我们将世界上那些成功的人，都看作是人类自我完善的杰出代表，那么他们成为杰出代表的过程，就是由小我向大我转变的过程。

当一个人完成由小我到大我的转变，小我以及和小我形影相随的痛苦、烦恼将全都远离他。这时他的心智地图无论是范围还是细致程度都已经到达极致，因为他愿意接受外界的一切，同时也愿意将自己的所有都奉献给外界，这样的人生才是完美的人生。

找到你的人生之道

人字，一撇一捺。这一撇，是我们从小到大、从书本中、从父母那里、从老师那里学到的"术"，是语数外、物化英，术的东西是你学到的知识和技能。

人字还有一捺，这一捺是我们的"道"，我们的老祖先其实对做人之道很有研究，《道德经》开篇说：道可道、非常道。

这个道是人生之道、智慧之道，也是万物之道。没有这个道，有再多的术，也难有大成就。因为缺少的是心灵力量的加持，缺少的是意志力的守护，缺少的是内心的洞明与力量。

世界上有很多天生聪明、能力也很强的人，但就是没有做出什么成果。一方面是因为心态不够好，另一方面是因为始终没有找到属于自己的道。

你的人生之道需要你自己去探索，任何人的见解和理论只能作为参考，在你寻找人生之道的过程中，我对你的第一个建议就是：大胆去做吧！不要畏惧付出！

☞ 不要畏惧付出

史蒂夫·乔布斯在斯坦福大学演讲时，曾经谈到过生命中已经发生的事情对未来的影响：

"我在里德学院（Reed College）待了六个月就办休学了。到我退学前，一共休学了十八个月。那么，我为什么休学？

"这得从我出生前讲起。

"我的亲生母亲当时是个研究生，年轻的未婚妈妈，她决定让别人收养我。她觉得应该让接受过大学教育的人收养我，所以我出生时，她找到了一对律师夫妇。但是这对夫妻到最后一刻反悔了，他们想收养一个女孩。所以在等待收养名单上的一对夫妻，我的养父母，在一天半夜里接到一个电话，问他们'有一名意外出生的男孩，你们要收养他吗？'而他们的回答是'当然'。后来，我的生母发现，我现在的妈妈没有上过大学，我现在的爸爸则连高中也没有毕业。她拒绝在认养文件上签字。直到几个月后，我的养父母保证将来一定会让我上大学，她的态度才改变。

"十七年后，我上大学了。但是当时我无知地选了一所学费几乎跟斯坦福一样贵的大学，我那工人阶级的父母将所有积蓄都花在我的学费上。六个月后，我看不出念这个大学的价值何在。那时候，我不知道这辈子要干什么，也不知道念大学对我有什么帮助，我只知道为了我念这个书，花光了我父母这辈子的积蓄，所以我决定休学。

"这个决定在当时看来相当可怕，可是现在看来，那是我这辈子做过最正确的决定之一。

"我休学之后，再也不用上我没兴趣的必修课，把时间都用来听那些我有兴趣的课。

"这一点也不浪漫。我没有宿舍，所以我睡在友人家里的地板上，靠回收可乐空罐买吃的，每个星期天晚上走七里路绕过大半个镇去印度教的 Hare Krishna 神庙吃顿好料理，我喜欢 Hare Krishna 神庙的料理。

"就这样，我追随着自己的好奇与直觉前行，大部分我所投入过的课程，后来看来都成了无比珍贵的经历。举例来说，当时里德学院有大概是全国最好的书写教育。校园内的每一张海报上，每个抽屉的标签上，都是美丽的手写字。因为我休学了，可以不照正常选课程序来，我就跑去上书写课。我学了 Serif 与 Sanserif 字体，学到在不同字母组合间变更字间距，学到活字印刷的伟大。书写的美好、历史感与艺术感是科学所无法企及的，我觉得这很迷人。

"我没预期过学这些东西能在我的实际生活中起什么作用，不过十年后，当我在设计第一台麦金塔时，我想起了当时所学的东西，于是把这些东西都设计进了麦金塔里，这是第一台能印刷出漂亮东西的计算机。

"如果我没沉溺于那样一门课里,麦金塔可能就不会有多重字体跟等比例间距字体了。又因为 Windows 抄袭了麦金塔的使用方式,所以,如果当年我没有休学,没有去上那门书写课,大概所有的个人计算机都不会有这些东西,印不出现在我们看到的漂亮的字。当然,当我还在大学里时,不可能把这些点点滴滴预先串联在一起,但在十年后的今天回顾,一切就显得非常自然。

"我再说一次,你无法预先把点点滴滴串联起来,只有在未来回想时,你才会明白那些点点滴滴是如何串在一起的。所以你得相信,眼前你经历的种种,将来都会联结在一起。你得信任某个东西,直觉也好,命运也好,生命也好,或者因果报应。这种做法从来没让我失望,我的人生因此变得完全不同。

"所以你得相信,眼前你经历的种种,将来都会连接在一起。"

相信自己经历的事情会在未来连接起来,这是史蒂夫·乔布斯的人生之道。在我看来,他的人生之道还有第二个特质,就是不畏惧,不畏惧经历困难,也不畏惧为了未来而付出,他想要做的事情,绝不会瞻前顾后,也不会计较一时得失,他不会在计算投资回报率之后才决定要不要上昂贵的大学,也不会因为觉得以后没用就不去学书法课。

这些都在未来起到了作用。

如果把我们所处的世界当作一个大型网络游戏,这个游戏叫作地球 ONLINE,我们每个人都是游戏的玩家,有两种人生模式供我们选择:弱参与人生与强参与人生。

弱参与人生：大家会发现，有的人特别在意输赢，很怕输，所以他就表现出弱参与性，他只探索很少的地图，去那些最安全的地方，只做最功利性的事情，只做马上就可以见效的任务。到头来，也许他的效率会很高，但是他获得的成果，恐怕也很小。他追求100%的付出回报比，所以为了这个高回报比，他宁可少做，那么他一生的付出值是1000，得到值是800，他的回报比高达80%，但是因为他做得少，所以他得到的回报也只有800（见图1-4）。

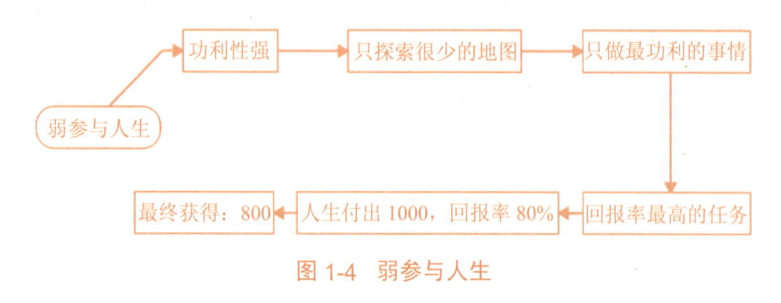

图 1-4　弱参与人生

强参与人生：还有的人，在开始玩这个游戏的时候，很清楚自己只有一次机会，只有一次人生，所以他很用心很努力地去玩，他想要探索更广阔的地方，去更多更远的地方，哪怕会很辛苦。他想尝试更多的事情，哪怕没有回报（见图1-5）。

他认真地做自己的工作，承担更多的任务，履行更多的职责，哪怕回报很低。他追求的绝不是100%的付出回报比，而是认真做好每一件事，不虚度光阴。

他的一生过去了，他的付出回报比并不高，也许只有30%，但是他一生的付出值高达 10000，所以他得到的回报，即使只有 30%，他的回报也高达 3000。

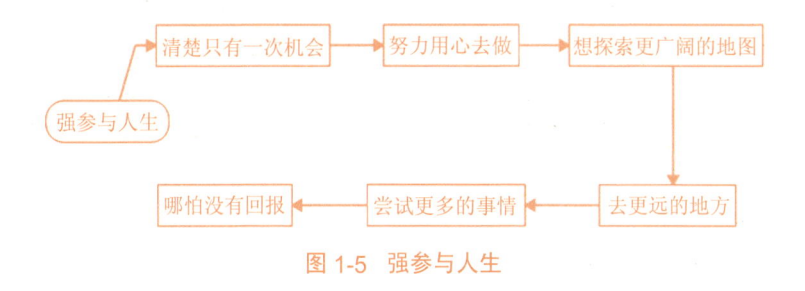

图 1-5　强参与人生

在未来，你所有的经历和付出都将串联在一起。

第二章

认清自我：
真正的"你"到底是谁？

01 摒弃假象：你不是倒影、奴隶与克隆人

《金刚经》中有：一切有为法，如梦幻泡影，如露亦如电。

倒影、克隆人、受害者，都是我们为自己制造的幻象。

倒影：为什么你映照出的永远是别人？

一个迷茫的来电

三年前的一天，我接到一位学员的电话。这位学员35岁，和我是很好的朋友。在接到他电话之前，他已经失踪两天了，他的妻子焦急地找遍了他所有的朋友，包括我。

所以，当我接到他的电话时，并不感到意外，并且，因为他信任我，我反而很开心。

我说："你去哪了？为什么和所有人都不联系了？"

他说："我内心太痛苦，我做生意至今还未盈利。"

我说："我听说了。你妻子说你准备继续投入，不是吗？"

他说："我不知道自己是不是应该再继续下去，我太纠结了。之前的投入挺大的，现在我感觉压力非常大，我已经失败过两次，到底应不应该继续创业？"

我从他妻子那里得知了具体的情况：其实他没有创业前，上班的薪水已经非常高了，他决定辞职创业后，家人都非常支持他。

他所谓的前两次"失败",与其说是失败,不如说是他为了进入新领域,做出的必要的付出。他现在已经把市场摸清,可以说,他做好了充分的准备,有市场、有人脉……万事俱备。此外,通过我对他这么多年的了解,我对他的能力、资本都非常认可,我认为他继续下去成功的可能性很大。

我说:"你不继续投入的理由是什么?"

他说:"我常常问自己,为什么一定要选择创业呢?并没有多大的经济压力,为什么不选择将手中的钱存起来,然后找一个舒服的工作安心上班呢?为什么不能像别人一样呢?"

我注意到他的这句话,这也是我们日常生活中最常听到的话:"为什么你不能像别人一样?"我在我的朋友、学员口中都听到过这句话:"为什么你不能像别人一样认真、听话、踏实、聪明……"(见图2-1)。

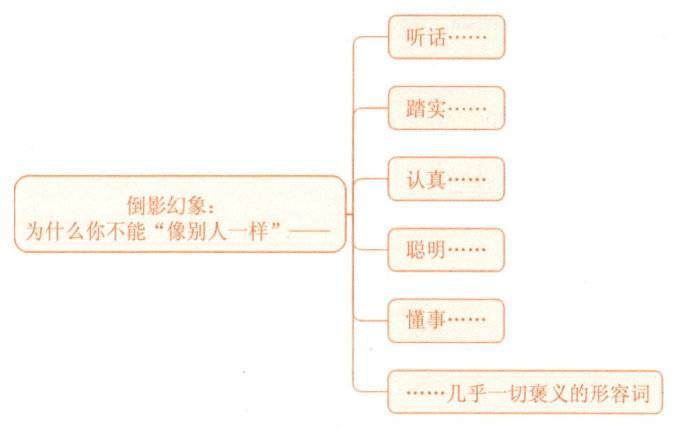

图 2-1 倒影幻象

"你为什么不能像别人一样"后面几乎可以跟任何褒义的词语。

我说："像别人一样，其实是句很巧妙的话，它后面可以接上任意的形容词和动词。但是这些词语，没有哪个是用来形容你的。你为什么非要像别人一样呢？做事情顾虑重重，还没有开始就不断给自己施加压力。这次你准备的比前两次都要充分，完全不需要有这么多的顾虑。而且，以我对你的了解，即使这次失败，你也能承受这份经济上的压力。"

他说："确实如此。我跟您说实话吧。我最大的顾虑不是钱，创业太累了，我创业的时候每天都渴望安定，创业中的困难太多了。"

我说："那你遭遇困难的时候，想要放弃的时候多吗？"

他说："不多，大多数时候我都忍耐。我告诉自己会好的。"

我说："所以你还是想要创业？"

他说："我特别想。我要是这么放弃我真的不甘心！"

我说："那么你到底在怕什么呢？"

他说："其实我的害怕并不是来源于自己，而是来源于别人。我自己完全能承受这份压力，我家里的经济情况也很好，家人都支持我，但是如果这次创业再失败，家人将会用什么样的眼神来看我。我可以想象父母得知我创业失败后强忍着失望继续鼓励我，我的妻子虽然也不会责怪我，但她会对我说创业本身就是一件高风险的事情，失败也很正常，咱们以后还是老老实实地上班吧……最可怕就是我以前的同事会怎么看我，我以前的同学会怎么说我——这个人就是不能踏踏实实的……"

他喋喋不休地说个没完。

我实在忍不住了，便打断他说："你说来说去，只有一句话……别人会怎么说。为什么你永远关心别人怎么说呢？'你'到底在哪里呢？很多时候我们在做一件事情之前，所承受的压力并不是来自于'失败'，而是来自于我们失败之后，其他人会怎么看我们。这时，他人对我们的压力要大于失败本身对我们的压力，你不妨问问自己，你是否在为别人而活？为什么你要依靠他人来评价自己？"

他说："您真的问住我了。我得好好想一想。好像我考虑'别人会怎么说'这件事，考虑得太多了。"

挂掉电话后，我陷入了沉思。

在我的印象中，我的这位学员是一个非常勇敢、有魄力的人，他的朋友和家人也都这么看他，但是，在那天晚上我才发现，这位学员并没有他平常表现得那么勇敢和有魄力。他和大多数人一样，都非常在乎别人的看法。

一周后，我收到他的短信，他说已经下决心继续走下去，如果这次成功那最好，如果失败，他也不会因此感到痛苦，他先停下，好好总结下经验，以后的事情以后再说。

这几年中，我又陆续收到他的消息，有好的，有坏的，但是总体来说是稳步上升的。很显然，当时他继续投入的决定是对的。

后来他说："无论成功还是失败，我都不会再因为'别人会怎么说'而痛苦了，因为在那天晚上，我已经足够痛苦了。"

倒影的幻象：我们重视他人的看法，超过我们重视自己的看法。

当我们向水中看去，看到的不是自己，而是他人的倒影。这些倒影，就是别人对我们的看法：

别人是怎么想的？

别人会怎么说？

别人会怎么看待我？

别人是否瞧得起我？

我怎么做别人才能瞧得起我？……

很多时候，我们对别人的看法的重视程度，已经超过了我们对自己的看法的重视程度（见图 2-2）。

图 2-2 我们重视他人的想法超过重视自己的

所以，为了别人的看法，我们常常忽视自己的看法，忽视自己真正的需求。

你是不是也和我的这位学员一样，希望通过别人的看法来评价自己，每做出一个选择，都要考虑别人？

如果你也是这样，那就意味着你内在的自我缺少力量和自信。因为只有处于这种情况时，人才会将注意力转向外界，希望能够从他人口中得到认可，确认自己存在的意义。

☞ 当我们迷失在他人的倒影里

我在下面列出几个问题，请大家认真思考（见图2-3）。

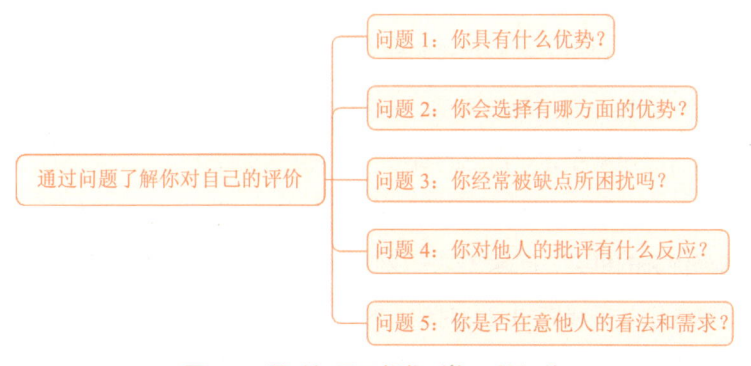

```
                    ┌─ 问题1：你具有什么优势？
                    │
                    ├─ 问题2：你会选择有哪方面的优势？
                    │
通过问题了解你对自己的评价 ─┼─ 问题3：你经常被缺点所困扰吗？
                    │
                    ├─ 问题4：你对他人的批评有什么反应？
                    │
                    └─ 问题5：你是否在意他人的看法和需求？
```

图2-3　通过问题了解你对自己的评价

问题1：你具备什么样的个人优势？这个优势更偏向于"才能、外貌、性格、家世"中的哪一种？

问题2：如果让你重新选择，你会选择在哪方面有优势：才能、外貌、性格还是家世？

问题3：你经常会被自己的缺点所困扰吗？

问题4：如果有人当面批评你，你会有什么样的反应？你是会诚恳地接受他人批评，然后说"非常谢谢你提醒我"，还是会默不作声，然后在心里想"如果让我发现你犯错了，我一定会将你今天说的话一一还给你"？又或者是被人批评之后非常羞愧，想要立刻躲起来，不让所有人？

问题5：和他人在一起时，你是否会非常在意他人对你的看法，而没有注意到他人的需求？当他人在某一方面超过你时，你会由衷地为他感到高兴还是会嫉妒他？

我们对自己的看法就在这些问题的答案中，而这些问题的作用就是让你更了解你对自己的看法。

一个人对自己的看法我们称为自我形象。这里需要强调的是，自我形象是你对自己的看法，而不是他人对你的看法，而他人对你的看法通常和你对自己的看法有很大的差别。

问题1让我们罗列自己所具备的优势，问题2给予我们重新选择优势的机会，问题3关于我们如何评判自己的缺陷，问题4、问题5则关于我们如何面对他人对我们的评判。

有个非常有趣的事实是：对于问题3，选择"是"的人并不多，大多数人并不承认自己常常被缺点所困扰；而对问题2，允许每个人重新选择自己的优势，大多数人重新选择的，都和自己实际具备的优势不一样。

那些家世良好的中产以上的子弟，更愿意把优势叠加在个人才能上；而具备良好性格的人，希望自己的外貌或者身世能更出众；具备优秀才能的人，又想要家世能够更出众……

我们常常对自己所拥有的优势毫不在意,却对我们不具备的优势耿耿于怀。

对于问题4、问题5,我们则可以通过自己的回答看到内心自卑的一面。无论我们认为自己多么自信,仍然无法不在意他人的想法。

我们以为自己不在意,其实早已迷失在他人的倒影里。

☞ **过于需要他人的认可使我们迷失**

我们在孩童时期就希望得到周围人的认可,不然就会感到孤独和失落。比如家长经常会对孩子说:你要是不如何去做,我就不喜欢你了。于是,我们会将周围人的信念、价值观当成是自己的。

有时候,我们所追求的某些东西并不是自己想要的,之所以追求,是因为它们是我们周围的人想要的,如果我们得到它们,就会得到周围的人认可。

我曾经问一个学员:"你的人生目标是什么?"

学员回答:"赚钱。"

我说:"你想要赚多少钱?"

学员笑着回答:"当然是越多越好了。"

我说:"那多少才算是多呢?"

学员:"呃……五个亿吧。"回答时学员自己并不能确定。

我说:"好的,现在有了具体的目标,那么这个目标达到之后,能够让你发生什么改变?"

学员："能够让我的生活更加美好。"

我说："具体是怎么个美好？"

学员："能够住上更大的房子，开上更好的汽车，让自己的妻子想买什么就买什么。"

我说："那你住上了更大的房子，开上了更好的汽车，妻子想买什么就买什么，这些究竟会给你带来什么？能够让你开心？"

学员："这个我没有想过，我只知道实现这些愿望就能够让我更加开心。"

我说："你现在可以好好想一下，想想这些能够让你开心的原因。"

学员："也许是会让我拥有成就感。"

我说："你的成就感就是房子、车子、妻子想买什么就买什么吗？"

学员想了想说："不是，我的成就感应该是来自周围人的看法，他们看到我的房子、车子和出手阔绰的妻子后，会认为我是一个有本事的人，从而看得起我，认可我，尊重我。"

这个学员的想法其实代表了大多数人的想法。我们拼命追求的，只是为了满足我们身边人的需要以及我们内心的需要，其中就包括让他人看得起、认可以及尊重。这也是很多人拼命奋斗的动力所在。

实际上，如果我们将这些需要当成自己的动力源，让其主宰我们的生活，会使我们的人生非常被动。我们追求的一些东西虽然我们周围的人喜欢，但我们并不喜欢，这就会让我们每天都过得很痛苦。只有找到自己真实的需求，然后根据这份需求做出调整，用自己喜欢的方式得到周围人的认可，我们才能够感受到生活的乐趣和意义，否则我们只会感觉到自己是在为别人活着。

☞ 每个人其实都深受父母的影响

父母是孩子人生的第一个老师，父母对孩子的影响非常大。

父母和孩子之间的爱是与生俱来的，而不是后天产生的。即使那些因为后天原因憎恨父母，或者从小没见过父母的孤儿，在潜意识中也有这样的爱，这是人类的一种天性。如果父母的人生非常成功，给我们做出了榜样，我们也会向父母学习，努力追求成功，这是很正常的。但是如果父母拥有失败的人生，我们在饱尝人生辛苦之后，可能会对成功有着强烈的渴望，但是我们的潜意识则不然。我们的潜意识很可能为了向父母表达出自己的爱和尊重，不自觉地去模仿父母的失败。

比如我们做事情缺少恒心，对所做的事刚开始时兴致非常高，但是过不了多久就会放弃；当一件事情快要成功的时候，我们总是想要懈怠等等。不少人将类似的表现归为性格问题或者是懒惰，但是很多时候这些表现都是受了父母失败的影响。

我在给学员答疑解惑的时候，遇到过很多这样的例子。如果没有弄清楚学员出现这种情况的原因，很可能也会将其归类为个人原因。所以面对这样的问题，通常我会先了解学员的家庭背景，如果确定是由父母的原因导致的，则需要对学员进行正确的引导，引导他们通过其他方式表达对父母的爱和尊重，让学员明白父母的失败和自己并没有关系，自己应该做好该做的事情。

最重要的是，当你过分重视他人的想法时，你就失去了自己，成为了他人的倒影。

要找回真正的自己，摒弃"倒影"的幻象，是我们首先要做的事情。

克隆人：最可怕的事情是你日复一日地复制自己

台湾105岁老人学到老，98岁还拿到硕士学位

来源：中国新闻网（北京）

据台湾《联合报》报道，高雄今年重阳活动的"代言人"105岁老人赵慕鹤，力行"活到老、学到老"，不但从87岁到98岁间拿到学士和硕士学位，今年还到新竹清华大学中文系旁听，不迟到、不早退，可说是学生榜样。

赵慕鹤爷爷昨天(8日)出席高雄重阳节敬老活动记者会，他拄着拐杖走路虽比其他人慢，但是步伐平稳。

长青中心表示，赵慕鹤过去3年内曾重摔过两次，在住处客厅滑倒，髋骨受伤，住院数星期治疗，复原情况良好。

赵慕鹤说，他力行"活"、"动"原则，到院子散步、自己做饭、自己到商超买东西，现在每星期还到新竹清华大学上课，由学生从家里送到左营高铁站，自己搭车到新竹，清大派人接他到学校，

在校两天都是一个人住宿舍，准时上课，从不缺席。

赵慕鹤从高雄师范大学教职员退休后，74岁独自游英国、德国、法国，87岁陪孙子考大学，91岁从高雄市立空中大学文化艺术系毕业，98岁取得硕士学位，现在到清大中文系旁听中国文学史，105岁了还打算报考中文所博士班。

这则新闻引起了我的注意，我想这位老人就是我们最好的榜样。

和这位一百多岁的老人相比，如今的很多年轻人空有年轻的身体，生活比这位一百多岁的老人更像老人。新闻中的这位老人，已经摆脱了年龄的束缚，没有什么事情能阻止他追寻自己的目标。

在世俗中，很多错误的观念在影响着我们，比如"做事情要根据自己的年龄来决定"、"人老了就应该颐养天年"、"以后的事情以后再说"、"还是按照原来的想法做吧"、"现在做这个应该来不及了"……但是对于有些人来说，这些观念毫无意义，比如上面新闻中的那位百岁老人。

这是一个常常被我们忽视的人生真相：人生的每一刻都是崭新的！

但是，在现实生活中，像这位老人一样努力、奋发的年轻人特别少，大多数人都选择成为自己的"克隆人"。

你是自己的克隆人吗？

随着时间的推移，我们经常会使用"成长"这个词来形容一个人年龄的增长。但是从另一个角度来看，我们所说的长到二十岁、三十岁、四十岁……只是年龄在增长，并不能代表这个人在成长。

成长是一个既复杂又十分艰难的过程，这个过程包含不断对自我进行超越、重新审视和思考过去的自我、对未来进行规划、理解命运的含义并且与之抗争……

一个人的身体必然会随着时间的流逝而改变，但是成长却不会。很多人只是身体器官和机能在不断成熟或者老化，却始终没有成长。

大部分人在二三十岁时就死去了，因为过了这个年龄，他们只是自己的影子，此后的余生则是在模仿自己中度过，日复一日，更机械，更装腔作势地重复他们在有生之年的所作所为，所思所想，所爱所恨。

——罗曼·罗兰

罗曼·罗兰说这段话的意思是：很多年龄到二三十岁的人，就不再成长了，他们就如同行尸走肉一般，在不断克隆过去的自己，不断重复过去的生活。

我们可以将这些人看作是在二三十岁就已经衰老，虽然他们的生命没有终结，但是在后几十年的生命当中，他们不会再有创新的想法，不敢再像十几岁那样冒险，他们每一天的生活都是在重复前一天的自己，唯一变化的是身体在不断老去。

我想，现实中有很多人都是如此。

那些在二三十岁就选择"不断克隆过去的自己"的人，就是失去人生目标的人。这些人没有思想、没有情绪，生活机械而麻木，就像水中的浮游生物一样，没有控制自己方向的欲望和能力，只能跟随着河水随波逐流。

当我们不再改变和进步，我们就成为了自己的克隆人。从此之后，我们过的就是"一眼就可以看到尽头的生活"。

选择改变突破，还是选择克隆自己？

那些没有选择"不断克隆过去的自己"的人，对生活充满了热情和追求，他们有自己的思想和人生目标，并且愿意为之付出努力；他们知道自己想要什么，并且知道怎么做能够离目标更进一步。

虽然他们的身体会逐渐衰老，但是他们的思想不会，每当他们完成一个目标之后，就会有新的目标，他们不会因为身体的衰老而说"现在已经太晚了"，也不会说"如果当时做就好了"。

他们有了想法和目标就会去做，不会受到其他因素的干扰。

在我看来，克隆人幻象是所有幻象中最可怕的：因为你很难发觉，自己已经很久没有改变过，很久没有上进过。

克隆人幻象，其实是一种"惯性的力量"。

是选择在年纪轻轻的时候就成为"自己的克隆品"，还是选择摆脱年龄的束缚永远"奋斗"下去，选择权在你的手中。

受害者：受害者幻象的本质，是我们不愿意承担属于自己的那份责任

两个兄弟的选择

有一对兄弟，从小父母离异，两人跟着父亲长大。他们的父亲是一个酒鬼，经常喝醉，喝醉之后就抱怨生活的不如意，然后拿这两兄弟出气。

在同样的家庭环境下成长，兄弟两人在长大成人后却走上了完全不同的道路。哥哥坚持上完大学之后，进入政界，最后当上了市长；而弟弟十几岁时就混迹街头，从此监狱就成为了他第二个家。

当记者知道这对兄弟的事情后非常感兴趣，就分别采访了这对兄弟。

面对记者的采访，成为市长的哥哥说："小时候家境不好，父亲是个酒鬼，喝醉就打我，在这样的家庭环境中成长，我没有太多选择。"

而在监狱中的弟弟面对记者的采访说出了和哥哥意思一样的话："贫穷的家庭，嗜酒如命的父亲，面对这样的家庭环境，我没有太多选择。"

这个故事很有趣，面对同样的家庭背景，弟弟说没有选择，于是选择堕落。哥哥也说没有选择，然后选择了上进。

为什么同样的情况，弟弟和哥哥却做出了截然不同的选择？

在这个故事中,哥哥其实选择了承担责任,而弟弟选择了成为一个"受害者"。

我会堕落、我做不好……都是别人的错,都是别人害的,我是无辜的!

你是否总是在怨天尤人?

"文革"时期,一个女子因为"家庭成分"不好,多次遭到批斗和羞辱,头发被剃成了"阴阳头"。这个女子出身书香门第,从小就比较明事理,并且学习佛法多年,但是受到这样的折磨,依然无法面对,认为上天对自己实在不公平,让自己经受这样的苦难。越想这个女子越不忿,最后便想到了自尽。

一位禅师得知这件事之后,悄悄给这个女子递了一张纸条,上面只写了一句话"此时正当修行时"。看到这句话,女子顿时有所领悟,开始坦然面对发生在自己身上的一切。

"此时正当修行时",是啊,我们所经历的每一次磨难,其实都是一次修行,一次对我们内心的修炼,这种修行没有针对谁,它只是我们人生道路上必须经历的事,只要保持一颗平常心,就能够坦然面对一切。

对于很多人来说,怨天尤人是他们推卸责任的法宝,当他们犯了错误或者遭遇失败之后,就会用这个法宝将责任推到其他地方,或者去责怪他人。

学习成绩不好,会责怪老师水平太差;找不到工作,会责怪用人单位没有慧眼识人;事业发展不顺利,会说经济大环境所致;谈恋爱失败,会认为对方实在太自私;自己身体不好,会归咎于环境污染……

总之，他们从来不会从自身找原因，不会想是不是自己没有努力学习、没有足够的能力、没有分析市场、没有替他人着想、没有积极参加锻炼……

总之，错误都是别人的，而自己只是一个"受害者"。

☞ **警惕你脑海中的受害者声音**

大多数人的心中都有这样一个声音：

——"为什么我总是被他人连累？"

——"为什么别人总是在给我添麻烦？"

这个声音的主人是谁？我管它叫作"受害者"。

每个人的脑海中都有一个受害者。受害者是我们接待最频繁、和我们关系最紧密的幻象。

当一个人彻底被受害者幻象绑架，他的脑海中这个可怜的受害者就会一刻不停地发出抱怨（见图2-4）。

——"平常都说是我的朋友，但是有了事情却不帮忙，他们怎么好意思这么做？"

——"为什么总是要针对我？我不过是做自己喜欢做的事情。"

——"为什么总是想控制我？我不喜欢别人在一旁指手画脚！"

——"我的领导真是一个十足的笨蛋，他总是给我下错误的指示，让我的工作也出现了问题，为什么他会这么蠢？"

——"为什么我做的每一件事情都有人反对？"

——"为什么他们全都针对我？"

```
受害者的幻象
——每个人脑海里都有一个不断抱怨的受害者
    ├── 为什么总是针对我？
    ├── 为什么别人都连累我？
    ├── 为什么总想控制我？
    ├── 为什么我做的每一件事都有人反对？
    └── 我的领导是笨蛋，我的同事也是笨蛋！
```

图 2-4 受害者幻象

心中有这样的声音，是因为我们将自己看成是一个受害者的角色，并且乐此不疲。

即使我们待在原地什么都不做，大脑中的"受害者"依然会不断发出抱怨。

这个受害者的反应往往非常迅速，总是能够找到自己受"迫害"的理由，从来不会有休息的时候。

就像是我们的大脑中安装了一个装置，这个装置会对所有我们有意见的事情进行评论和抱怨，从来不会停止。

受害者永远感觉自己是正确的，而错误都是别人造成的。受害者将自己无法推卸的错误归咎于"疏忽"，而对于别人的错误统统认为是故意的、针对自己的。同时受害者心态还有一个特点，即会无意识地采取宽以律己严以待人的处事态度。

正是上述这些无意识行为，让我们大脑中的受害者总是在抱怨周围的人和事，并且大多数人认同大脑中受害者的观点。

我们通常会认同大脑中那些无脑的、具有攻击性的抱怨。

受害者就是在这种情况下，不断散发着负能量情绪，但是大多数人并没有意识到自己头脑中的受害者，而是将自己和受害者画上等号，将那个总是感觉到不公的受害者当成是自己。

很多时候我们大脑中所产生的内容，并不是我们真实的想法，这些内容是受我们的教育背景、家庭环境、文化氛围的影响而产生的。即使是在我们成年之后，经过多年的学校和社会教育，我们已经是具有独立思考能力的成年人了，我们的内心仍然会被过去的种种因素所制约，而我们头脑中的受害者，就是由过去种种制约我们的因素所构成的。

所以，大多数我们在思考的时候，并不是我们自身在思考，而是大脑中的受害者在替我们进行思考，然后做出判断。

受害者还具有一个特点：在和人交往时，永远不会用平等的态度来看待他人。受害者要么感觉他人高于自己，处处比自己优秀，总是摆出居高临下的架势；要么觉得自己高于他人，比他人都优秀。

"我是非常完美的，而我周围的人或者事在不断地影响我、拖累我。"

这句话大多数人都认同：因为我们总是自认为是受害者，我们无时无刻不受到别人的针对，我们无时无刻不在反抗别人的针对，总结起来就是——只有我自己是"善"，其他所有人都是"恶"。

你头脑中的受害者需要引起警惕。因为受害者的不停抱怨,对你没有任何积极意义,只会让你变得自私,让你被烦恼所包围,让你感觉自己是如此的悲惨,而这些则会让受害者的力量变得更加强大。

受害者会因为他人的贪婪(无论这种贪婪是否是有意识的)、不诚实(无论这种不诚实是否对自己有伤害)、过去做过的事情、还没有做的事情……而不停地抱怨,这是受害者最喜欢做的事情。

我们可以想象,在自己的身体里其实还有一个小一号的"自己",这个"自己"的相貌和我们一模一样,唯一的区别就在于,他从来不会有笑脸,他的脸上总是显露出负面情绪,比如愤怒、悲伤、痛苦、惆怅等。

因为体型非常小,所以我们见他时会感觉他非常弱小,但是他一旦愤怒起来,则完全看不出弱小的痕迹,他会尽情释放自己的怒气。

这个小一号的"自己"就是我们体内的受害者,他总是在我们身体里评论我们遇见的每个人和每件事。

每个人的身体里都有一个受害者。

☞ **受害者:最喜欢抱怨的幻象**

受害者非常喜欢抱怨,并且抱怨会一个接一个,不会停息。

他的抱怨经常会欺骗我们：当他遇到让自己不愉快的事情时，立刻会开始抱怨，这种抱怨出现的速度之快，让我们没有时间去分辨，如果我们能静下心来思考，就会发现很多抱怨是经不起推敲的。

大多数时候，受害者是为了抱怨而抱怨，对于它抱怨的逻辑，只要我们仔细思考，就会发现其中的狭隘和荒谬之处。比如自己和朋友约定吃饭，结果朋友迟到了，但实际上我们知道朋友平时很少会迟到，所以这次迟到一定是遇到了什么事情。

可是受害者却不这么认为，他会理直气壮地想：平时都不迟到，和我吃饭就迟到，是故意针对我吧，没有把我放在心上吧。

这时，我们会很容易相信受害者的抱怨，同时也说明受害者不会对自己抱怨的内容进行思考，抱怨是他的本能。

我们经常将自己和无辜受害者画上等号，这种思想会严重阻碍我们认识自己。想要正确地认识自己，就必须改变这种受害者的思想。

受害者不是用简单几句话就能说清楚的，认识它需要我们深度去剖析和了解，这并不容易，受害者也不想让我们了解他，他会设置种种障碍来阻止我们。

因为一旦我们正确地认识了他，他就会失去对我们的控制，真正的"自我"就会掌控我们的生活，他也就没有了生命力。

☞ **不愿意承担责任，这是受害者的本质。**

受害者并不是有意识去抱怨和散发负能量。

耶稣被钉在十字架上的时候还在高喊："原谅他们吧，他们不知道自己在做什么!"

当他人的受害者对我们进行攻击时,我们要学会去理解他人的受害者,因为这些受害者并不是有意想要去伤害谁。

面对不幸的事情,我们有两种选择,一种是反抗它,一种是顺应它。有人会因为不幸的事情而变得非常刻薄,认为世界太不公平;而有些人在遭遇不幸之后,则会变得更加坚强和有智慧。

我们可以选择成为什么样的人,而很多人并不知道自己有这个权利。

从受害者身份中摆脱出来,意味着我们将从充满负能量的沼泽中脱离出来,意味着我们不再逆来顺受,而是要反抗和抗争,意味着我们不再用封闭和仇恨的态度来面对世界。

就像故事中的两兄弟,都说自己"没有太多选择"。

是的,面对那样的家庭环境,是没有太多选择,要么选择承担起责任,同自己的命运抗争;要么选择随波逐流,将自己的人生交到他人的手中,在自己的余生中始终扮演受害者的角色。

☞ 受害者喜欢给自己寻找敌人

很多时候,受害者所想象的事情是不存在的。在受害者不断想象他人如何针对自己、如何拖累自己时,虽然我们心里感觉到这并不一定是正确的,但是却无法阻止受害者这样做。

当我们发现他人做错一件事,"受害者"就会将这个错误不断放大,然后通过别人的错误来证明自己的正确和无辜。

其实这也是人类的天性,习惯将他人的错误放大,然后充满恶意地去揣摩他人错误的动机,并且认为是"故意的"或者

"本来是可以避免的"。当我们自己做了无法推卸的错事时，我们会将自己的错误故意缩小，并将自己的行为定义为"无意间犯的错误"或者"错误是无法避免的"。之所以有这种天性，是因为这种想法会减轻我们的压力，将原本应该承担的责任甩到一边。

☞ **受害者思想的核心：所有不好的行为都是故意针对自己的**

因为受害者在遇到事情之后首先会认为是针对自己的，所以在诸如公司制度改革、领导对工作的批评、上班路上被超车等琐事上，会产生种种抱怨和愤怒，如果我们受到受害者思维的影响，自然会产生对立情绪，有时还会因此与别人发生冲突，这就是很多人说现在社会上戾气非常重的原因。

要明白，很多时候我们在冲动时做出的"防卫"举动，不能解决任何问题，只会让事情变得更糟。我们会摆脱理性的控制，做出冲动的行为，是因为大脑中的"受害者"在进行防卫，他需要通过防卫行为来证明自己的存在。

受害者对我们产生的不良影响在于：他会让我们对别人的行为产生误解，让我们沉浸在自己的幻想中，我们的怨气也会随着时间的推移而不断增强，我们会不愿意面对现实、不愿意改变自己对生活的消极态度。

要摆脱受害者对自己行为的影响，必须要明白自己并不是世界的中心，别人的行为也不是针对你的，并且自己要有一定的辨别能力。

当我们明白这个道理，再遇到事情的时候，就会理性地去分析，就会明白别人的行为不是针对我们来的，也就不再会受受害者的影响而做出"防卫"的行为。

所有的受害者都会选择性失明，断章取义、有选择性地承认那些自己愿意相信的事实，是他们非常擅长的事情，有时他们还会曲解事实。

虽然人的内心非常复杂，有很多事情我们自己也无法彻底想清楚，但是只要我们有自察的能力，就能够判断我们的想法是事实还是个人观点。

观点会影响一个人的行为，如果我们的观点是错误的，那行为必然也是错误的。

什么是观点？观点就是一个人处于某个点上观察，然后得到一个结论，这就是观点。而"某个点"通常指的是当事人所在的那个点，这意味着观点很难做到绝对的客观。

受害者通常会站在他的点上曲解事实，让我们产生错误的观点，从而做出错误的行为。而如果我们能够察觉到大脑中受害者的存在，就可以将自己从受害者的位置上抽离出来，站到一个更高的位置看事情，这更有利于我们了解事实。

要找到真正的自己，受害者——是我们必须要对抗的。

☞ **停止做受害者**

对于受害者来说，错误都是别人的，他们总能找到别人应该对事情负责的理由。即使有时候的确是别人的过错，但是我们责怪别人依然是没有意义的，因为别人不会因为我们的责怪而受到伤害，也不会因此做出任何改变。

停止做受害者，意味着我们的人生、我们的问题，都应该由我们自己来负责。

不再把幻象当成自我

为什么我们会被幻象所蒙蔽？

人类的大脑每秒可以处理的信息量是以千亿 bit 计算的，但是我们能够意识到的信息量只有两千 bit。大脑的这个特性，决定了我们必然会有选择地思考和看待周围的一切，我们看到的世界，其实是我们自己选择的、从某个角度理解的世界。

那我们究竟是如何选择的呢？我们的选择会受后天教育的影响，我们受到什么样的教育就会产生什么样的观念和价值观，因此同样的事情不同的、人会产生不同的看法。

什么是真实、完整的世界？这个问题没有标准答案，因为每个人眼中的世界都不一样，我们每天看到的世界都是自己选择看到、选择相信的世界。我们的大脑会自动将那些，与我们从小接受的教育不相符的信息排除在外。

同样的，我们在了解自己的时候，也会将真实的自己的一部分信息进行排除，这部分信息是不符合我们的观念和价值观的，因此，我们了解的自己是经过大脑的筛选的。

倒影、克隆人、受害者，都是我们为自己制造的幻象，并不是真实的自我。

☞ 停止扮演他人

无论是在生活还是在工作中，我们总是像一个演员一样，不断扮演着恰当的角色。在朋友面前我们扮演好知己；在领导面前我们扮演好下属；在客户面前我们扮演好合作伙伴……

在我们扮演的众多角色中，究竟有多少是我们真正愿意去扮演的？又有多少是迫于社会和生活的压力才去扮演的？能够真正控制自己人生的人又有多少？

面对人生，我们有两种选择：

一种是将自己的人生变成一个舞台，并根据剧情的需要，一人扮演多个角色，在恰当的时候以恰当的角色出现。然后根据剧本的指示，按部就班地一步步将表演进行下去，从而忽略了真我。大多数人都选择的这样的人生。

一种是忘掉舞台、忘掉压力、忘掉规则，将面具和枷锁统统甩到一边，跟随我们的内心前行。我们可以将人生看成是一次华丽的冒险，虽然在途中有无数的艰难和问题等着我们，但是我们不会因此而放弃追随自我的脚步。

佛说：若见诸相非相，则见如来。

我们寻找自己也是这个道理：只有摒弃所有的幻象，才能看到真正的自己。

限制你的"牢笼"，永远是你自己画出来的

☞ 别做自己情绪的奴隶

经常听到有人说"我没有选择"，这句话是消极的，也是错误的。记住，我们时刻可以选择，选择权就掌握在我们手里，无论什么时候选择都不晚。

有时候，做出一个选择并不容易，因为当我们做出选择后，就意味着需要承担风险、需要承担责任、需要做出牺牲、需要付出很多……我们每做出一个选择，就意味着需要放弃另一种可能性。

但是，如果我们什么都不做，什么都不选择，那么我们就什么都得不到。

广东有句俗语：食得咸鱼抵得渴。意思是吃了咸鱼就必须要承受口渴。人生其实也是这个道理，咸鱼就是选择，口渴就是代价，做出了选择就要承担选择带来的代价。

我们在痛苦上花费了太多精力。

痛苦是人生中无法避免的事情，但是我过去的人生经验告诉我，绝大多数痛苦都会随着时间消失。

痛苦对一个人产生的影响会随着时间的流逝而减弱，而一些痛苦之所以会长时间折磨你，对你的人生产生重大影响，是因为你在痛苦上耗费了太多的精力和时间，你总是去想它们，你的行为和想法在允许它们伤害你。

如果你因为一件事或者一个人而持续感到痛苦，这说明你是将快乐建立在他人或者其他事情上的，你的快乐必须要有外界的支持才能获得，这并不是真正的快乐。

如果你的快乐不需要外界的支持，仅仅来源于你自己，不会因为一个人或者一件事而产生，这就是真正的快乐。

☞ **质问自己：你为什么而担忧？**

我们在畏惧和忧虑这件事上，耽误了太多时间。

童年总是无忧无虑的，随着年龄的增长，我们忧虑的事情会越来越多，在担忧上花费的时间也越来越长，所以辛弃疾会写下"少年不识愁滋味"的词句。

如果我们将自己畏惧和忧虑的事情进行分类，大致可以分成两类（见图2-5）。

第一类：准备不足的事情 —— 学业考试、工作面试、工作考核

第二类：无法改变的事情 —— 先天条件、天气变化、生老病死

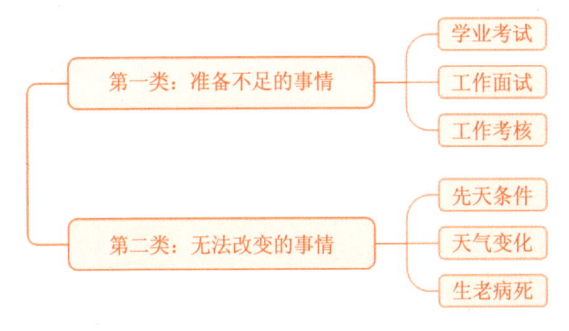

图2-5 畏惧和忧虑的分类

第一类：因为感到自己准备不足，而产生对未来的畏惧与担忧。

这类担忧大多数是非常具体的压力，比如学业考试、工作面试、工作考核等等，对于这些事情我们往往会非常担忧，害怕自己不能很好地完成，进而产生畏惧与忧虑。

而我们产生这类压力的根本原因是：我们事先没有做好准备，所以对事情的结果充满了不自信。

当我们了解这类压力的本质后就会发现，我们的担忧是没有用的，因为担忧得再多，也不会对事情产生影响，只有实际行动才能影响事情的结果。

对于一件事无论是经验不足还是能力欠缺，做好充足的准备都能够大大提高成功的概率，所以对这类担忧，最好的做法就是不要在担忧上浪费时间，立刻开始行动。

第二类：对我们无法改变的事情产生的忧虑。

在这个世界上，有很多事情是我们无法影响、无法改变的，比如我们无法改变自己的智商、外貌等先天条件，无法改变天气变化、生老病死等客观规律。

别人对我们的看法也是我们无法改变的，因为无论我们怎么做，总有人会讨厌我们。无论你付出了多少，多么努力地证明自己，有的人就是讨厌你，并不是你做得不够好，而是讨厌你的人和你在气场上就相互排斥。

为那些自己无法改变的事情而忧虑，显然是毫无意义的，既然知道自己无法改变，为什么不能坦然地面对和接受呢？

所以，面对这一类使我们忧虑的事情，解决方法只有一个：坦然面对并接受它。

02 好了，现在让我们重新认清自己

古希腊神庙的门前刻着一句话：认识你自己！

认清自我、寻找真实的自我，是每个人的终身课程。

什么是最真实的我？

我想这个问题没有标准答案，因为每个人眼中的自己都不一

样，我们每天看到的自己都是自己选择看到、选择相信的自己。

关键是：你想要成为什么样的人？

第一个问题：你想成为什么样的人？

☞ 眼与心的交流

我们经常听到一个词——自我审视，那么究竟什么是自我审视呢？

我们面对镜子仔细打量自己，观察自己的仪表，这就是一种自我审视，但是大多数时候，我们所说的自我审视是指内在的审视，通过自我审视，可以实现心灵与眼睛的交流，自我审视最大的价值也就在这里。

心灵与眼睛的交流可以让我们从心理上觉察自己的状态以及能力的大小，然后经过大脑进行思考，从而做出行动计划。这样做才能够让我们的每一步行动都行之有效，达到事半功倍的效果。

超越自我是一件非常难的事情，而自我审视则能帮助我们实现对自我的超越。

通过自我审视，我们可以发现自己的缺点，以便及时修正，让自己得到进一步提高。这样做可以避免因为对自身能力的错误估计而导致失败，同时也可以避免错过那些本应该抓住的机会。

一个善于进行自我审视的人，所散发出来的气场应该是浑然天成的，并且能够收放自如。他不会像缺乏自信的人那样，面对机会总是唯唯诺诺不敢出手；他也不会像狂妄自大者那样，在什么都不了解的情况下，便赌上自己的一切；他只会在正确的时候做出正确的选择。

一个老师在给学生上课，他提了个问题："有个人想要烧开一壶水，但是当他将全部柴火拿出来之后，发现并不够将一壶水烧开，这个时候他应该如何做呢？"

学生们听完问题，有的说应该出去砍柴；有的说那就不要烧开水，只把水加热就好了……

老师听完着些答案微笑地看着学生，最后老师对学生们说："为什么你们没有考虑将壶中的水倒出一些呢？"

这正是我们需要的智慧。

无论你要做什么，都要先考虑自己拥有的能力，这点非常重要。当你做一件事情遇到困难的时候，与其在原地纠结，不如重新审视自己，确定自己的实际能力，然后根据自己能力的大小降低目标的高度。

很多时候，我们只要向后退一小步就可以取得成功，但是相当多的人都并没有意识到这一点，他们像一头发怒的公牛一样朝着目标一路狂奔，但却始终到不了终点。真正聪明的人发现自己走的路无法到达终点后，会往回走几步，选择其他的道路。那些朝着目标一路狂奔的人，在途中被迫停下之后只会停在原地抱怨和哀叹，浪费时间。

那些愿意往回走几步的人，就是不断审视自己的人，他们在向目标前进的同时，总有一只眼睛是望向自己的，这也是他们取得成功的原因。对那些双眼紧盯目标一路狂奔的人，我们只能对他们做出"勇气可嘉"的评价。

能够经常进行自我审视的人,总能够设定一个适合自己的目标,让自己的全部能力得以发挥。他们做事的效率非常高,不会出现无功而返的情况,在他们的生活和工作中,从来就没有出现过平庸和愚蠢这样的词语。

自我审视的过程,就是一个寻找心理痼疾的过程,也是对自己综合能力进行全面评测的过程。另外,自我审视还能够让我们找到那些隐藏在我们内心深处的负面情绪,然后进行清除。这些负面情绪平时我们很难发现,但是到了关键时刻,却很容易影响我们。

要明白,真正能够改变我们的只有我们自己,真正能够让我们变优秀的也只有我们自己。不要总是抱怨生活的艰难,抱怨上天的不公,当你学会审视自己,就会用全新的眼光去看待这些问题,对自我的了解也会上升一个高度,这时,你会看到一个全新的世界,一个善恶分明、层次分明的世界。

☞ **如何审视自我**

想要客观地审视自我,客观地评价自己,可以问自己下面几个问题(见图2-6)。

我经历过什么?

人在一生中会经历各种各样的事情,接触形形色色的人,这些是我们的人生经历,也是我们的宝贵财富。因为这些经历会让我们更深刻地认识自我,更好地面对未来。

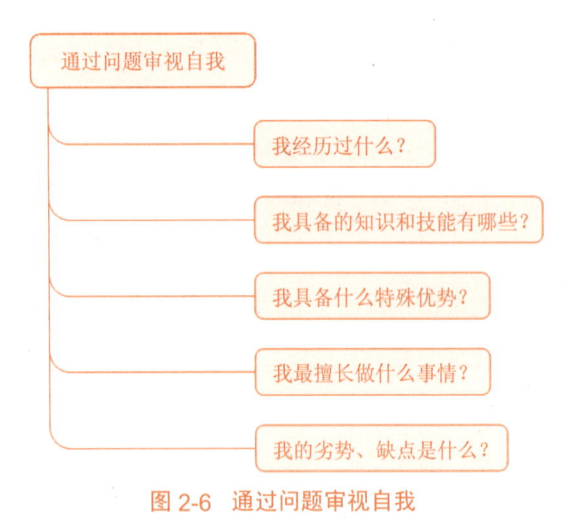

```
通过问题审视我
├── 我经历过什么？
├── 我具备的知识和技能有哪些？
├── 我具备什么特殊优势？
├── 我最擅长做什么事情？
└── 我的劣势、缺点是什么？
```

图 2-6　通过问题审视自我

我具备的知识和技能有哪些？

某一方面的专业知识或者工作技能。你给自己制定的前进方向，需要以你拥有的知识和技能为基础。

我具备什么特殊优势？

了解目前自己所具备的能力，学会给自己的优势评分，在这个过程中，要理性地去分析和思考，并且对自己的潜力进行挖掘。回答出这个问题之后，你就明白自己能够做哪些事情了。

我最擅长做什么事情？

每个人都有自己最擅长做的事情，那么我们擅长做的事情是什么呢？这些事情能够给我们带来什么帮助？我们是怎么将这些事情做成功的？通过分析上面几个问题，我们就可以找到自己的优势所在。

我具备什么样的劣势？我的缺点是什么？

每个人都有缺点，所以对于缺点我们要用正确的态度去面对，不用将它看作洪水猛兽，当然，也不能放任不管，我们要尽量修正自己的缺点，或者减少缺点对我们的影响。

☞ **客观看待自己是一种难能可贵的品质**

中国有句经典名言：人贵有自知之明。不能客观审视自我的人是很难有所成就的。

亚里士多德曾说："了解自己并不是一件容易的事情，同时它还是一件非常残酷的事情。"

自我审视听起来简单，做起来并不容易。因为要学会自我审视要求我们将内心深处的不良情绪都消除，在审视自己的过程中完成对自我的超越。在当今社会，能够客观评价他人的人并不少见，但是能够客观评价自己的人却很难见到。客观看待自己是一种非常难能可贵的品质！

人生苦短，为什么不做真正的自己?

☞ **"我是谁"?**

真实的"我"到底是谁，是名字吗?

就拿我来说，我叫诸葛玉堂，这没有什么问题，但是名字只不过是我的代号而已，它不是我特有的，也代表不了我，因为每个人都可以叫这个名字，只要他们愿意。

那究竟我是谁呢?

是在社会中的身份和职业吗?

我是一个教练，是人生培训师，是我妻子的丈夫，但是这些也不能完全说明我是谁，因为这些都是外界给我的定义。

同样，你的名字、职业、身份都不能完全代表你。

可能有人会说，自己过去的经历可以代表自己了吧。

是的，很多人会用过去的经历来代表自己，比如童年的家庭暴力、得不到想要的玩具、总是被同龄人排挤；长大后事业发展不顺利、婚姻也不如意……

我们随便在大街上找一个人，然后对他进行深入访谈，都可以听到类似的故事，所以这些故事也不能代表你。

无论过去的经历让你成为一个成功者还是失败者，这些都只是你对自己的看法和对身份的认同。这些无法代表你，甚至你的肉身也不能代表你。

我们都知道，人身体中的细胞是会进行新陈代谢的，生物学家告诉我们，只需7年的时间，人身体的所有细胞就会更新一遍，所以肉身也无法代表你，因为每7年构成你肉身的细胞就全部更换了。

你的思维也不能代表你。

我们有时候会产生这样的感觉，感觉自己受到了"思维"的限制。我们会经常说类似这样的话：我觉得自己这么想是错误的、我经常会对自己感到不满……

为什么会出现这样的情况？在我们身体中似乎有两个"自己"，一个是我们的思维，一个则是游离于思维以外的我们本身，当这两个"自己"出现矛盾的时候，就会出现这样的情况。

那么思维和我们自己究竟哪个才是主人呢？是我们对思维发

出指令要求它如何去想，还是思维向我们发出指令告诉我们应该怎么做呢？

这里可以做一个小测试：我们来尝试是否可以让自己的思维短暂休息，停止思考。如果我们无法做到这一点，就证明是思维对我们起主导作用，我们一直都在被动地生活，而不是真正为了自己在生活，我们的所有行为都受到思维的支配。这也是为什么很多人感觉活得很累，感觉自己没有自由，做事情一直都身不由己的原因。

思维是由我们从胎儿时期就开始接受的各种信息所构成的，它并不能代表"我"，这些只是身体的感官系统给我们带来的。

那么真正的"我"究竟是谁呢？

一个人存在于这个世界上，从出生到死亡，一直都在和除思维以外的一切进行互动，在这一互动的过程中，会产生一种生命能量，这种生命能量代表了我们存在的意义，我们将它称为"本我"。

我们在生活中经常会对自己产生满意或者不满意的情绪，这个对我们自己进行评估的"人"是谁呢？

谁是真正的自我？我们无法用名字、肉身、职业、身份等等来代表真正的自我，它是一个充满灵性的所在，是一个生命体，寻找自我是我们人生中一个重要的任务。

☞ 找出自我，重塑自己

不用我说，所有人都明白，"找到自我，重塑自我"是一件多么难的事情。

但是如果你想要真正了解自己、了解人生的真相、得到真正的自由和幸福,而不是庸庸碌碌、糊里糊涂地度过这一生,那么找到自己就是必须要做的一件事情。

当我们的内在发生了变化,这就意味着我们对内心的认识发生了变化,从我们选择对抗自己的幻想开始,我们就打开了内心的枷锁,我们就开始变得强大。

尼采说:"当你在凝视深渊的时候,深渊也正在凝视着你。"

在人生中,我们不可避免地会遇到种种自己不希望发生,但是又无法控制的事情,如果我们不能正确地看待这些事情,我们就会在仇恨、失望、抱怨中丧失自我。

面对一件事情,如果我们把它看成是问题,那么它就会成为问题;如果我们将他人看作是自己的仇人,那么他人就会变成我们的仇人;如果我们将幻想等同于自己,那么我们就成为了幻想。

我们内心的枷锁实际上是我们自己带上去的,并且带上之后我们还把钥匙扔得远远的。

人生需要活在当下,因为活在当下意味着你的每一分、每一秒都是全新的,意味着不再背负过去的沉重包袱,意味着你将会拥有全新的身份,面对一种全新的生活,当我们做到这一点时,我们就会发现自己从没有真正认识过一个人。

活在当下——虽然只有四个字,但是其中却包含了人生的最高智慧。

我们可以将生命看作是一场冒险,在这场冒险中,我们一路前行,我们不知道自己去过哪里,也不知道未来的终点在何方。

但是,只要我们能够活在当下,就可以欣赏沿途的风景,感受幸福和快乐,同时也体验痛苦和伤心,这些都是人生的一部分。

很多时候,我们都被过去的囚笼所困,过去的经验、感受等等,这些困住了我们的内心。

我们的经历将会影响我们的认知,让我们将过去当成是自我,这些其实都只是幻象,并不是真正的自我。

我们可以成为不断完美的人,可以成为我们理想的人,只要我们愿意付出。

第三章

信念是你最大的武器：
只要你自愿点亮它

01 从改变信念开始，重新控制自己的人生

信念会强化我们的行为，要么使我们变得更强大，要么使我们变得更弱小。如果你给自己植入好的信念，信念就会变成大海中的灯塔指引你的方向，但如果你给自己植入了坏的信念，坏信念就会像暴风雨般摧毁你的轮船。

光芒就潜藏在你的信念之中

星光与救援船

一艘小渔船在大海中遇到了风暴，很快，渔船便被风暴摧毁，船上的几个渔民都落入海中，转眼就不见了踪影，只有一个渔民碰巧抓到了一个救生圈，没有沉入海底。

但是，在大海中即使有一个救生圈，如果没有人前来营救的话，也很可能会丧命，这个幸存的渔民一想到这里，就感到深深的绝望。天色逐渐暗了下来，海水的温度也随之下降，幸存的渔民感觉越来越冷，他已经做好了迎接死亡的准备。正当他感觉自己要失去意识的时候，突然看到远方似乎有一点微弱的灯光，他立刻兴奋起来，心想一定是救援的船快到了，于是他又重新打起精神，忍受住了饥渴和寒冷的折磨。

等待救援的时间是痛苦的，好几次渔民都感觉自己要坚持不下去了，但是想到自己看到的灯光，他又坚持了下来。终于天亮了，看到初升的太阳，渔民再也坚持不住，昏迷了过去。

当渔民醒来的时候，发现自己躺在医院的病床上。询问之后他才知道，自己在海上漂流了一整夜，第二天白天一艘路过的货船发现了他，将他救了上来。当别人问他是怎么熬过寒冷的夜晚时，他说他看到了一个微弱的灯光，正是这个灯光让他坚定了活下去的信念，相信自己一定能够等到救援船的到来。

实际上根本就没有救援船去找他们，因为风暴来得太快，船上的人还没来得及发出求救信号，就已经落入海中，渔民看到的灯光也只是星光而已。但是这个幸存的渔民并不知道，也正是因为他不知道，才有了坚定活下去的信念。

在这个故事中，是信念使渔民活了下来。

什么是信念？简单来说，信念就是你相信某些东西，不相信某些东西。这听上去似乎十分简单，但是我们执行自己信念的过程却非常复杂，并且我们的生存离不开这个过程。

如果失去了信念，我们就不知道自己应该做什么，就不知道如何去行动，也就无法在社会中生存。

一个人的信念究竟有多少呢？我没有办法说出确切的数字，每个人的信念数量都不同，但是都同样的庞大，是以百万为单位来计算的。因为我们做任何一件事情，都需要信念的参与，如果没有信念或者有多个信念参与，我们产生就会混乱，不知道该如何行动。

20世纪50年代，一只英国探险队进入撒哈拉沙漠，开始了他们的冒险之旅。

探险开始时非常顺利，他们按照事先计划好的路线前进，直到进入沙漠后的第五天，他们遇到了沙暴。当沙暴结束之后，他们发现迷路了。为了寻找出路，探险队在茫茫的沙海中继续走了三天，可他们面前依然是一望无际的沙漠，并且他们的水已经喝完了。

当探险队员得知水已经喝完时，在炙热的烈日照射下，都绝望了。这时，探险队队长从包里拿出一个水壶，对大家说："我这里还保存了一壶水，但也是整支队伍里的最后一壶水，只要我们还走得动，就不停地走下去，没有到最后时刻，谁也不能动这壶水。"

当探险队员们看到队长手中还有一壶救命的水时，求生的信念再次被点燃。就这样，队长手拿水壶走在队伍的最前方，探险队员们紧跟在队长的后面，一天之后，探险队终于走出了沙漠，找到了水源。

在过去的几天中，探险队员们感觉到死神已经掐住了他们的脖子，而现在他们终于摆脱了死神的威胁，队员们纷纷相拥而泣。这时，只见队长打开了那壶"救命水"，倒向了地面，从里面流出来的却是黄沙。

信念可以将夺命的黄沙变成救命的清泉，能够把令人窒息的绝望变成生存的希望，这就是信念的力量。

决定我们未来的，绝不是我们的出身、我们的过去，而是我们所怀抱的信念。

一位黑人父亲带着自己年幼的儿子去参观梵·高的故居，当儿子看到梵·高睡过的破烂的小木床，以及都快露出脚趾的皮鞋时，好奇地问父亲："梵·高是一个非常有名的画家，难道不该是一个富翁吗？"父亲回答说："梵·高是一个非常贫穷的人，穷到连妻子都没有娶上。"

第二年，这位父亲带着儿子去丹麦，顺路参观了安徒生的故居。当儿子看到安徒生居住过的房子时，又有些困惑地问父亲："安徒生写了那么多有名的童话故事，他不应该住在皇宫里吗？"父亲摇摇头回答说："安徒生只是一位普通鞋匠的儿子，他并没有住过皇宫。"

这位带着孩子四处参观的黑人父亲并不是一个有钱人，之所以能够带着孩子到处浏览，因为他是一个水手，经常往来于各大港口。二十年之后，他的儿子成为了一名记者，并且成为了第一个获得普利策奖的黑人记者，他就是伊尔·布拉格。

伊尔·布拉格在回忆自己早年生活时说："小时候我的家庭非常贫穷，父母都没有接受过多少教育，只能依靠卖苦力养家。在很长的一段时间里，我一直认为像自己这样出生在贫寒家庭的黑人小孩，长大之后是不可能有什么前途的，但是父亲在工作之余带我了解了梵高和安徒生两个人,这让我意识到,上帝并不会因为一个人的出身而决定他的未来。"

在现实生活中,我们经常看到这样的人,他们总是在抱怨上天对自己不公平,总是问上天:为什么我的生活会如此艰难、为什么我不是一个有钱人、为什么我做事情总是不成功……他们认为自己的困境都是由命运安排的,因此他们总是在质问"上天",将"上天"当成自己失败的借口,从不认为这些和自己有关系。

其实上天对所有人都是公平的,他不会因为一个人的出身而剥夺这个人的梦想和机会,那些不停哀叹命运不公的人,只是失去了自己还可以成功的信念。

一个人的出身和生活环境,并不能决定他的未来,信念才是决定他未来的关键。

不可否认,出身和生活环境会对一个人的成长产生一定的影响,但是更多的影响来自于后天的行为,来自于我们是否相信自己,是否能够将自己身体中的潜能挖掘出来。

好信念与坏信念

九牛女人

有兄弟俩,哥哥叫阿虎,弟弟叫阿柄。他们从小到大都没有走出过自己的村庄,这一年,两人的年龄都不小了,到了该结婚的年龄,但是村里并没有他们喜欢的姑娘,所以两人就决定结伴出去寻找适合自己的姑娘，顺便还能见识外面的世界。

两兄弟没走多久就到了一个小村子，他们决定先到这里看看。进入村子之后，两人看到一个年轻的姑娘正在城门口的农田里劳作，当阿柄看到这个姑娘之后，马上就被吸引住了，对阿虎说："这个美丽的姑娘就是我喜欢的姑娘，我要留在这里，娶这位姑娘做妻子。"

听到阿柄的话，阿虎也仔细观察了一下那位姑娘，然后对阿柄说："我一点都没有看出这个姑娘漂亮，反而觉得她非常丑，你还是再跟我到其他地方看看再做选择吧，其他地方一定有漂亮的姑娘。"

阿柄笑了笑说："我就看中她了，不准备再去其他地方了，在我眼中她就是最漂亮的。"

阿虎看到阿柄态度坚决，只好说："那你留在这里吧，我自己去其他地方看看，然后就独自一人走了。"

阿虎走后，阿柄不好意思直接去找姑娘，就四处打听这位姑娘和这里结婚的规矩。当地人听到这个年轻人想要娶那位姑娘之后都非常惊讶，因为大家都感觉这位姑娘非常丑，所以一直没人愿意娶她。按照当地的习俗，男方在求婚时，必须用牛作为聘礼，牛的数量根据女方的相貌来决定：一头是非常丑的；两头是勉强能看得过去的；三头则是长相一般的……如果男方觉得女方是天下最美丽的姑娘，就可以用九头牛作为聘礼。不过在当地很多年没有人用九头牛当聘礼了，因为他们这里也确实没有那种美若天仙的女子。

得知这些消息之后阿柄非常高兴，因为没有人和他竞争了，然后他决定在这里努力赚钱，用九头牛去向那位姑娘求婚。一年之后，阿柄终于存够了买牛的钱，买了九头牛，赶着就向姑娘家走去。

当阿柄来到姑娘家时，只有姑娘的父亲在家，姑娘出去干活了。见到姑娘的父亲，阿柄将求婚的事情说了，并且让姑娘的父亲看自己带来的九头牛。

姑娘的父亲明白是怎么回事后连连摆手，对阿柄说："之前你总是打听我女儿的消息，所以我女儿是知道你的，也十分喜欢你，但是她长得并不漂亮，我们预想有两头牛就很不错了，现在你送来这么多牛，如果我收下了，会被周围的人笑话的。"

阿柄听完对姑娘的父亲说："您的女儿在我眼中就是世界上最漂亮的姑娘，所以我一定要用九头牛来向您的女儿求婚，请您留下这九头牛吧。"

在阿柄的一再坚持下，姑娘的父亲收下了这九头牛。阿柄和姑娘结婚了，并且结婚之后阿柄始终将姑娘看作是天下最漂亮的姑娘。

几年之后，阿虎在外面并没有找到心仪的姑娘，就返回到和弟弟分手的村子，想看看弟弟过得怎么样。

阿虎刚进村子，就看到一位非常漂亮的姑娘在路边农田里劳作，旁边还有一个两三岁的小孩子，看样子应该是本地人，阿虎走上前打听弟弟阿柄的消息。当姑娘听到这个人要找阿柄时笑了，带领阿虎进了村子。

没走多久，阿虎就看到了一别几年的弟弟阿柄，两人非常激动，高兴地聊了起来。当阿虎问起阿柄是否和当年那个丑姑娘结婚时，阿柄笑呵呵地说："你走后一年，我就和那位姑娘结婚了，现在也有了孩子，你刚才都见过了，就是带你来找我的姑娘和小孩。"

阿虎听了大吃一惊，看了看旁边的漂亮姑娘说："当年我也见过你，长相很一般，几年时间怎么变化这么大？"

阿柄的妻子微微一笑，然后说："当年我确实长相一般，娶我两头牛就足够了。可是阿柄却认为我应该用九头牛来娶，所以结婚之后我就认为自己确实值九头牛，并且一直按照这个标准来要求自己，几年下来，我就发生了非常大的变化。"

人生充满了希望和奇迹，人生的过程就是一个不断改变自我的过程，你希望自己是什么样的人，认为自己是什么样的人，最终你就会成为什么样的人。

这就是信念的影响力。

不过，任何事物都有两面性，信念也不例外。能够和我们的希望相配合的信念，对我们来说就是好信念，而与我们的希望相矛盾的信念，对我们来说就是坏信念。

无论我们的信念是好是坏，它都能够对我们的行为和能力产生影响，要么成为阻力，阻碍我们向目标前行，要么成为助力，帮助我们向目标前进。所以，信念的力量是不可忽视的。

我们的信念认为自己好，我们就会向好的方向发展，我们的信念认为自己坏，我们就会朝坏的方向发展。我们成长为什么样的人，其实是由我们自己决定的，我们的信念就是"预言"，预言我们未来的变化。所以，当我们做一件事情得到事与愿违的结果，与其说是命运在作祟，不如说是我们的信念在作祟，是信念在控制我们，让我们创造它所相信的未来。

☞ 好信念像灯塔指引方向

我从事教练工作很多年，有不少人认为教练技术只是一种工具，一种帮助人们达成某种目的的工具，甚至很多从事教练技术行业的工作人员也这么认为，对于这种情况我感到很遗憾。

教练技术其实并不是一种工具，而是一门学问，它的研究对象就是人。通过学习这门学问，能够让人重新认识自己和世界，改变自己和他人的行为。

我们每个人身体中，都有一种深层次的能量，这种能量的名字叫作"信念"。

信念可以改变你的行为与命运，这就是我要告诉你的秘密。

☞ 信念改变行为

1971年，美国人添·高威的身份是加利福尼亚州一家艺术学校的创始人，在学生放假期间，他的学校新增了网球和滑雪的课程，并且请了专门的教练前来教课。

一天，网球教练给添·高威打来电话，告诉他自己有意外情况，不能来上课了。这时距离上课已经没多少时间，不少付费的学员已经在教学地点等待。无奈之下，添·高威找到了滑雪的教练，让他来扮演网球教练的角色。

不幸的是滑雪教练是一个对网球一窍不通的家伙，当他告诉添·高威自己不懂网球后，添·高威只对他说："没有关系，你只要让他们将注意力集中在网球上就可以了，记住，千万不要给他们做示范动作，因为做了他们就会发现你是个冒牌教练。"滑雪教练听从了添·高威的安排，充当了网球教练。

一段时间之后，添·高威发现，在滑雪教练的教授下，学员的进步速度居然超过了之前网球教练教授时的速度，这个现象让添·高威非常惊讶，于是他针对这个现象进行了深入的研究。研究很快就有了结果，添·高威发现：专业的网球教练在给学员上课的时候，更多的是自己先做示范动作，然后让学员去模仿，教练在旁边不断纠正错误动作，因此，大多数学员都将注意力放在了动作是否符合规范上，面对飞来的网球，反而变得手忙脚乱。

滑雪教练则不一样，因为他并不会打网球，所以根本不会做示范运作，就是要求学员在打球时将自己的注意力放在网球上，对他们的动作没有任何要求。在网球教练的课上，有的学员会提出诸如"打球时身体如何运动才能接住网球？"这样的问题，但是滑雪教练的课程上不会有，因为他让学员将自己的注意力集中在球上，而不是自己的动作上，所以当学员们练习时，他们会自动对动作做出调整，以便能够接住球。

实际上，如果教练在旁边监督学员们的动作，发现错误就前去纠正，会让学员们变得紧张，表现反而会变差；假如让学员保持轻松，不去思考其他问题，只关注球，即使动作出现了问题，也留到后面的练习改正，学员们的表现明显好很多。

发现事情的真相之后，添·高威就告诉周围的人，自己只用

20分钟就能够教会一个人打网球。这个消息传开后,引起了电视台的注意,于是电视台安排记者去采访添·高威,并且现场进行测试。

在现场,记者们找到一个从来没有打过网球的女士,让添·高威教她打网球。添·高威告诉这位女士,打网球非常简单,每个人天生都会打网球,你不需要过多地考虑自己打球的姿势,只要将注意力放在球上就可以了。

20分钟之后,奇迹发生了,这位女士在球场上来回跑,可以很自如地打网球了。对此,添·高威解释说:"其实我自己打网球的水平也不怎么样,也不会什么打网球的技巧,所以我没有教她太多技巧,只是让她树立了一个信念,一个自己会打网球的信念,当这个信念成功建立之后,她也就初步学会打网球了。就是这么简单。"

☞ 坏信念像暴风雨摧毁轮船

被吓死的人

1981年,波兰一位名叫诺尔格兰的心理学家进行了一次非常著名的实验。

当时波兰有一个穷凶极恶的歹徒,名叫费多加夫,这个人身高两米多,体重115公斤,是一个标准的壮汉。他凭借着自己强壮的身体和凶狠的性格,在当地为非作歹,一直在被警方通缉。警方费尽周折,终于将他捉拿归案,并且判处了死刑。

诺尔格兰博士得知这个消息后非常激动,因为他正在进行一项心理学研究，正好到了关键的地方，缺少实验结果来证实自己的理论。因为实验有很大风险，找不到愿意参与实验的志愿者。费多加夫的落网刚好为诺尔格兰博士提供了理想的实验人选。于是，经过申请和一系列的手续，诺尔格兰博士被批准用这个死刑犯进行心理学实验。

在费多加夫被执行死刑的那天，诺兰格尔在警察的看护下，将费多加夫带入了一间非常狭小的死刑室（也就是诺兰格尔的实验室），在这间屋子里，除了一张狭小的手术床之外，只有一辆用来运送手术工具的工具车。在工具车上放着一个不锈钢托盘，托盘中有一把看上去无比锋利的手术刀和一个透明玻璃血槽。

费多加夫在此之前已经知道自己是实验对象，他的死刑会通过实验来完成，但是具体如何进行，他并不清楚。诺尔格兰让费多加夫躺在手术床上，负责监督死刑执行的警官将他的左手和双脚都铐在床边，然后诺兰格尔带上了医生手术时戴的乳胶手套，将费多加夫的右手放入紧靠手术床右边的壁板上的一个小圆洞内，再从壁板的另一侧用手铐将他的右手铐住，使费多加夫无法缩回右手，也无法看到右手的情况，之后波兰格尔就推着工具车走出死刑室，来到了壁板的另一侧。

费多加夫通过周围的环境以及诺兰格尔的行为，似乎明白了执行死刑的方法，于是闭上了眼睛。没过多久，他就听见隔壁有人高喊了一声："开始执行。"这时，他感到自己的右手被人紧紧握住，右手手腕上有冰凉的器械划过，似乎是在切开他的静脉血管，旁边马上传出了液体滴入血槽的声音，费多加夫知道这是自己的血液滴入血槽的声音。这个声音开始很快，两分钟之后变慢，10分钟之后声音已经时断时续了。这时的费多加夫感到自己体内的血液似乎流完了，心脏跳动开始减速，呼吸逐渐困难，身体也越来越冷，10分钟之后，他的心脏停止了跳动，死刑完成了。

这个实验看起来似乎没有什么意义，也和心理学没什么关系，但是当诺尔格兰博士将实验的真相说出来之后，所有人都非常惊讶。原来诺尔格兰博士根本就没有割费多加夫的静脉血管，只是用手术刀的刀背在他的右手腕上划了一下，而费多加夫听到的滴血声也只是滴水声，但是费多加夫依然死了。当有人问犯人死亡的原因时，诺尔格兰博士给出的答案是：他死于内心的恐惧。

实验结束后，专业法医团队对犯人死亡的原因进行了分析，最后得出的结论是：犯人的死因是器官衰竭，而这种器官衰竭通常是失血过多导致的。

无独有偶，20世纪90年代，美国一家速冻食品公司发生一起意外事故，这个事故和诺尔格兰博士的实验非常相似。

在这家速冻产品的库房，有一个叫尼克的库管员。一天下班时，尼克准备整理一下材料就下班，但他突然想起来还有一个库房的货物没有盘点清楚，于是就拿上记录册，打算盘点完之后再离开。

当尼克到那个没有盘点的库房后，却发现里面空空如也，什么都没有，正在他纳闷的时候，突然听到冷库门被人从外面关上并锁上了。尼克立刻朝门口跑去，一边大叫着，一边试图将门打开，但是他没有打开冷库门，也没有得到任何回应。

原来，这天下班，一位仓库工作人员看到尼克所在的冷库门没有关，以为是同事粗心忘了关门，就过去随手锁上了库房门。当他转身离开时，碰巧天空飞过一架飞机，而且因为冷库的门很厚，有隔音的作用，所以尼克的喊叫他并没有听到。

第二天，当尼克的同事打开这个冷库门之后，发现尼克已经死在里面了，看上去像是被冻死的。但实际上这个冷库昨天就已经坏了，工人们因此将里面的货物临时放到了其他地方，从昨天到今天，冷库的送风扇虽然在不停地工作，但是根本就没有制冷。

尼克真正的死因并不是冷库的低温，因为冷库根本没有制冷，他死亡的原因是他的信念。如果一个人在内心给自己宣判了死刑，那么他就不可能活下来。

很多时候，影响我们的不是外界环境，而是我们心中的信念，如果我们的信念是错误的，那剩下的一切都将失去意义，因为事情总会朝着信念相信的方向发展。

摆脱坏信念：从"我不能"到"我可以"的转变

为什么你总是在破坏自己的幸福？

C从小到大都是一个非常优秀的女孩，她身上了集合了聪明、勤奋、善良、美貌等多个优点。上学时她的成绩永远是年级前几名，工作后，她很快就能够独当一面，但就是这样一个女孩，在爱情上却屡屡受挫。

她曾经谈过几个非常优秀的男朋友，但因为各种原因都没有走到最后，为此她甚至去找了心理医生。C对心理医生说："我明明对每一份感情都十分珍惜，我希望能够拥有幸福的婚姻、美满的家庭，但是每当爱情到了关键时刻，我都会做出一些非常愚蠢的事情来破坏感情。"

心理医生对C进行详细了解之后告诉C："虽然你的意识想要爱情能够圆满，但是你的潜意识却认为'自己不可能获得圆满的爱情'，所以每当爱情即将结果的时候，你都会不受控制地去破坏爱情。"

C虽然很优秀，但是她却生活在一个并不幸福的家庭中。在C的印象中，她的父母总是在争吵，家庭中没有温馨、和睦，有的只是仇恨和纷争。成长于这样的家庭，C自然不会感受到父母之间的爱情了。正是父母的行为在她的潜意识里植入了"没有圆满爱情"的坏信念，同时她认为自己也不可能获得圆满的爱情。

为什么我们明明希望自己获得成功，行为却往往导致最后的失败？这就是因为在我们的潜意识中，存在着未被发觉的坏信念。这些坏信念在潜移默化地影响我们的行为和意识，让我们做的事情总是事与愿违。

现在，需要检查一下我们的信念了，如果我们的信念和我们的行为相悖，那么不管我们做什么都会受到信念的负面影响。

只有我们真正做到身心合一，才能确保自己朝着心中想要的方向前行。

同 C 类似的情况在生活中很常见，希望获得爱情，潜意识中却认为自己不配得到爱情；希望拥有存款，潜意识却告诉自己有存款的都不是好人；希望自己成为一个出类拔萃的人，潜意识却认为自己只是一个平庸的人。

当我们身上发生类似的问题时，说明我们所希望的和我们潜意识中的信念是矛盾的。

比如我们希望自己获得成功，和这种希望相匹配的信念，就应该是"我是一个有能力成功的人"，有了希望，就有了动机，然后在与之匹配的信念指导下，我们就会全力向成功开进。信念在这个过程中起到的作用，就是为我们保驾护航，确保我们航行的方向正确，始终在朝目标前进。

而如果我们希望自己活得成功，但是我们的信念却是"我没有成功的能力"，那这种信念就会成为我们行动的阻力，它会潜移默化地影响我们，慢慢改变我们前进的方向，让我们逐渐远离目标。

☞ **坏信念的来源**

那些隐藏在我们潜意识中的坏信念是从哪里来的呢？

我们来看看 L 的故事。

工作勤奋的 L 出生在一个贫穷的家庭，他的愿望是通过工作多存一些钱。他对金钱的执着也正源于童年时期家庭的贫困。然

而除了贫困，让他印象更深刻的是他的工人父亲。他的父亲总是一边精细规划自己工资的用途，一边抱怨自己的老板像吸血鬼一样为富不仁，总是在压榨自己这样的穷苦工人。父亲的抱怨让L产生了一个信念：富人都不是好人，自己不应该成为富人。

于是长大后的L，明明工资应付日常生活绰绰有余，但是已经工作4年的他却一点存款也没有。按说以他的工资和开销，即便存不了太多钱，存个几万块钱应该是没有什么问题的。最初L也是这么打算的，可是每当他存下一些钱后，就会发现一些"看起来必须"要花钱的地方，于是不得不把自己存下来的钱花出去，每次都是如此，从没有例外。

对于L来说，虽然他想存钱，但是小时候的经历影响了他，为他植入了"有钱的人都是为富不仁"、"像爸爸那样把所有钱都用来生活才是正常的"、"自己不应该成为富人"这样的信念。

这种坏信念深深地影响着他，让他总是无法存下钱。

坏信念往往与童年的生活有关，童年的不好的经历会为我们植入坏信念。

是的，刚来到这个世界时，我们的心灵就像白纸一样，因此我们会深受和自己相处时间较长的成年人影响，将他们对自己、对世界的认知，当成是我们的，无论这种观点是积极的还是消极的。因为当时的我们能力有限，无法自己去认知，只有这一个途径来获得。因此，如果和我们长期相处的成年人总是心怀怨恨、愤怒、悲伤、恐惧等情绪，那我们也会在无意识中产生消极的信念。

虽然随着年龄的增长，我们周围的环境发生了变化，但是童年时期产生的消极信念却依然存在于我们的潜意识中，短时间内很难消除。

☞ 如何摆脱坏信念？（见图 3-1）

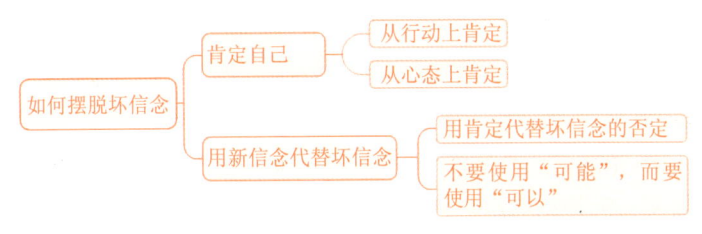

```
如何摆脱坏信念 ─┬─ 肯定自己 ─┬─ 从行动上肯定
                │            └─ 从心态上肯定
                └─ 用新信念代替坏信念 ─┬─ 用肯定代替坏信念的否定
                                      └─ 不要使用"可能"，而要使用"可以"
```

图 3-1　如何摆脱坏信念

坏信念原本是他人对自己、对世界的负面认知，它既消极又狭隘，却被我们错误地纳入自己的信念体系中，成为了我们的信念。这些坏信念无时无刻不在影响我们，它造就了我们的过去，同时还将造就我们的未来。所以，不是命运在控制我们的人生，而是信念在控制我们的人生。

如果正在看此书的你潜意识中也存在坏信念，那是该将它们丢弃了。

坏信念的种类非常多，多到我们无法统计清楚，但是它们却有一个关键的共同点：否定自己。找到了这个关键的共同点，丢弃坏信念的方法也就有了，那就是：肯定自己。

肯定自己可以分为两个方面：一方面是从行动上对自己进行肯定；另一方面是从心态上对自己进行肯定。

行动能够给我们带来自尊和自信，而自尊和自信就是对自己的肯定，当然，这种行动要是正面的。行动是为了提高我们的能力，比如学习新的知识或者学习新的技能，在学习的过程中，我们的自尊和自信都会得到提升。

心态上肯定自己分为对人和对己。对己我们要珍惜自己，对人我们要善待他人。其实人性就像是一面镜子，你用什么样的态度对待他人，他人也将会用什么样的态度来对待你，所以善待他人其实也就是善待自己。

☞ 用新信念取代坏信念

当我们从行为和心态上肯定自己之后，那些以否定我们为生的坏信念自然就没办法再继续影响我们。但是改变不是一蹴而就的，需要一个过程，在这个过程中，那些我们想要抛弃的信念，还会不时地重新控制我们，与其浪费时间去赶走这些想要卷土重来的坏信念，不如建立一个新的信念，使其完全取代坏信念的位置。

在建立新信念时，我们需要注意两点：

第一，坏信念总是在否定自己，我们可以通过肯定自己来替代否定自己。比如坏信念会告诉我们"我注定一生贫穷"，我们不需要告诉自己"未来我不会贫穷"，而是需要建立一个新信念"我注定会富有"来替代旧的信念。

第二，在建立新信念时，不要使用类似"可能"这样的词语，而要用"可以"这样的词语。因为"可以"远比"可能"更具力量。"可能"有时候会让人感到希望渺茫，而"可以"则能让我们感觉信心十足，推动我们达到目标。

我们每个人都拥有巨大的力量，而过去我们总是得到事与愿违的结果，只是因为我们的力量被坏信念所限制，无法得到发挥。当我们用新的信念代替它，就可以将自己的全部力量发挥出来了。一旦我们巨大的力量发挥出来，就能够达到目标、实现自我，就像是一颗小小的种子最后成长为参天大树。

从现在开始，请相信我们身上发生的所有事情都是有原因的，无论事情对我们有好处还有坏处，我们都可以从中受益。当我们相信这一点之后，再配合好信念，我们的生活就会发生意想不到的变化。

为自己植入好信念：你期望什么，就会得到什么

皮革马利翁效应

在古希腊的塞浦路斯王国，有一位叫皮格马利翁的国王，他每天除了治理国家之外，其余时间都用在了雕塑上，因为他非常喜欢雕塑。

一天，皮格马利翁梦到了一位非常美丽的少女，醒来之后，他马上找来最好的材料，尽全力去雕刻梦中的少女，最后花费了几个月的时间，终于完成了少女的雕塑，并且给这个雕塑取名为盖拉蒂。

不久，皮格马利翁发现自己深深地爱上了盖拉蒂，他整日不离开她，甚至是睡觉都陪在她旁边，希望有一天盖拉蒂能够成为自己的妻子。

就这样，不知道过去了多久，终于有一天，盖拉蒂有了变化，她的双眼慢慢变得有神，她的嘴唇逐渐有了血色，最后，盖拉蒂

真的变成了一位美丽的少女，并成为了皮格马利翁的妻子。

显然，这只是一个有着完美结局的神话故事，但是现代人从这个故事中悟出了一个道理，这就是心理学上非常有名的"皮格马利翁效应"：信念可以改变现实，信念也可以塑造一个人。

当然，我们不可能将神话故事作为一个心理学效应的依据，而真正证明"皮格马利翁效应"的，是美国心理学家罗伯特·罗森塔尔。

1968年，罗森塔尔为了验证一个理论，带领自己的助手进入一所中学，在学校里开始了自己的实验。

罗森塔尔在进入学校之后，首先对一个年级的所有老师和学生进行了调查和评估，并将评估结果交给了学校的校长。在这份评估结果中，既有老师也有学生，罗森塔尔根据评估得分将他们分成了：优秀的老师、一般的老师和优秀的学生、一般的学生。

新学年开始后，这所学校的校长将名单上评估得分最高的两位老师叫到了自己办公室，对他们说："在过去的一年里，你们在学校的表现非常出色，可以说是本校最优秀的两位老师了。为了能够让你们的能力充分发挥出来，我决定从你们所教的年级中挑选出一批学生让你们教，这些学生都是去年一年里最优秀也是最聪明的学生，相信在你们的带领下，他们能够更加出色。但是要记住，为了不让这些孩子骄傲，你们要用普通的方法教育他们，也不要让他们知道自己是特意被挑选出来的。"

这两位老师听完校长的话非常高兴，在工作中更加认真和努力了。

一年时间过去了，这两位老师所教的学生果然没有令校长失望，他们的考试成绩得了地区第一名，并且分数超过第二名很多。

这时，罗森塔尔又回到了学校，校长看到他时非常高兴，问他究竟是怎么挑选出优秀的学生和老师的。罗森塔尔微笑着对校长说："其实我给你的评估结果是假的，分数也都是随机填写的，我所挑选出来的老师和学生只是随机抽出来的。"校长听到罗森塔尔的话立刻呆住了。

一个好的信念，能够激发我们的潜能。被罗森塔尔选中的两个"优秀老师"只是普通老师，但是校长给他们植入了一个好的信念"我是最优秀的"，这两个老师相信了，正是这种相信让他们成功激发出内在的潜力，让事情朝着他们相信的方向发展，最后成为了真正优秀的老师。

信念能够让我们在一片漆黑中依然保持前进，让我们在多次失败后仍能继续奋斗，让所有的困难和艰险都显得那么微不足道，期待什么，就会得到什么，这就是信念的力量。

有了成功的信念才会成功

好的信念会使你成为更好的人。人生需要信念的支持，当我们有了信念，希望自己获得成功时，才会主动去思考，去寻求进步，我们所有的行为也才会配合这个信念，让自己向目标加速前进。

罗杰·罗尔斯是美国纽约州第五十三任州长,他也是该州历史上第一位黑人州长。

和大多数政治家不同,罗杰·罗尔斯并不是出生在政治世家,也不是出生在商人世家,他出生的地方是当时全纽约最声名狼藉的大沙头贫民窟。在这个贫民窟中聚集着偷渡者、流浪汉和各种帮派,暴力事件无时不在发生。

在这种环境下长大的孩子自然深受影响,逃学、打架是大多数孩子习以为常的事情,很多在这里长大的孩子因犯罪而被关进了监狱,只有很少一部分人长大后能有一份比较体面的工作。罗杰·罗尔斯却是这个贫民窟中的例外,他不但上了大学,还成为了州长。有一次记者问罗杰·罗尔斯,是什么让你从贫民窟走了出来,并且成为了一位州长,罗杰·罗尔斯并没有说自己的奋斗史,而是提到了一个人,这个人就是他小学时的校长皮尔·保罗。

1961年,皮尔·保罗来到大沙头的诺比塔小学,成为了该校的校长兼董事。当时嬉皮士文化风靡全美,而诺比塔小学的孩子也都是嬉皮士的追随者,因此他们格外叛逆,不愿意上课,不服从管束,打架、喝酒才是他们喜欢干的事情。

皮尔·保罗为了改变这一现状,想了很多办法,但是却收效甚微。后来,皮尔·保罗发现这个学校的很多孩子相信占卜,于是他就在课余时间安排了一项内容,给学生占卜。皮尔·保罗本人并不相信占卜,但是他相信通过这种方式能够激励孩子。

罗杰·罗尔斯就是当时接受占卜的孩子中的一个。当罗杰·罗尔斯走上讲台之后,皮尔·保罗看了看他,然后对他说:"我从你的眼睛中就能够看出,以后你将会成为纽约州的州长。"

罗杰·罗尔斯听后非常吃惊,很少有人会告诉他他未来会干什么,因为大家都认为他长大之后最好的结果,就是没有被抓进监狱,并找到了一份可以养活自己的工作,而他自己也是这么认为的。只有他的祖母有一次曾对他说:"你以后能够成为一名船长。"这让罗杰·罗尔斯激动了很长时间。所以,皮尔·保罗的预言实在是让他有些吃惊,但是他看到皮尔·保罗的表情非常坚定,于是记住了这句话,并且相信自己一定能够做到。

从此之后,"纽约州州长"就成为了罗杰·罗尔斯的一个信念,为了这个信念,他不再混迹街头,不再旷课。数十年之后,51岁的罗杰·罗尔斯实现了当初皮尔·保罗校长的预言,成为了纽约州的州长。

鼓励和肯定自己,相信自己是一个优秀的人,身上一定有着让他人羡慕的优势,相信自己有能力实现自己的目标。无论心情怎么样,不要忘记对着镜子给自己一个微笑,赞美一下自己。经常这样自我肯定会让你充满自信。

无论做什么事情,如果我们能够在做之前充分肯定自我,深信自己一定会成功,那么无论眼前是顺境还是逆境,成功的概率一定会大大提高。

其实我们每个人都拥有无限潜能,而造成人与人之间巨大差异的原因就在于,我们是否将自己的潜能挖掘了出来。在挖掘潜能的过程中，我们怀抱的信念起到了非常重要的作用。如果你相信自己确实拥有达成某一目标的能力，那么你就可以激发出身体的潜能，将期望变成现实，反之也是同样的道理。

所以当遇到困难或者挑战时，你可以为自己植入这样的信念：

我已经做好了充足的准备！

既然别人能成功，那我也能成功！

既然这个世界上有人能做好，那我也可以做好！

我与其他人并无不同，所以别人做得到的事情，我也可以做到！

02 没有黑暗能够战胜真正的光明

过去并不等于未来

当我们遇到困难时，会感觉自己陷入了绝境，其实人生从来没有真正的绝境。只要我们心中还有一颗信念的种子，无论前方有多少困难，自己要承受多少折磨，信念都可以带领我们走出困境，让生命之花重新绽放。

漫漫人生路，一帆风顺是不可能的，困难重重才是常态。失败、挫折、痛苦、伤心这些都不应该影响我们对未来的信心。对于过去，我们没有能力改变，唯一能做的就是从中有所领悟；对于未来，没有人能够准确预测，没有人能够确定地说自己的未来将比过去更好或者更糟，一切都充满了变数，而我们自己才是这些变数的关键。

在美国一个偏远的小镇上，有一个小女孩，她从小就生活得不幸福，因为她是一个私生女，只有母亲没有父亲。

在她生活的年代，作为私生女是非常糟糕的。在学校里，老师总是故意刁难她、羞辱她，同学们则会远远地议论她、嘲笑她。而在生活中，因她居住的小镇人口并不多，几乎人人都知道她和她的母亲，每当她出现在大家面前，大家都会用充满恶意的眼神看着她。在这种环境下，小女孩变得越来越自卑，开始拒绝上学、拒绝上街、拒绝和所有人接触。

在小女孩13岁时，小镇上来了一位牧师，这位牧师每个礼拜日，都会在教堂为小镇居民讲解圣经。在听完牧师讲解圣经之后，居民都显得十分快乐。小女孩虽然也想要快乐，但是她不敢走进教堂，因为她害怕去人多的地方，害怕周围人异样的眼神。因此，小女孩常常站在离教堂很远的地方默默地看着，幻想着教堂中的美好。

很长一段时间之后，一天，这个小女孩终于鼓足了勇气，趁大家不注意的时候，悄悄地走进了教堂，蜷缩在最后一排静静地听牧师讲解圣经。牧师讲的内容是："你在过去生活得非常成功，不代表你在未来还能够继续成功；同样的，你在过去生活得非常失败，也不代表你在未来还会继续失败，因为过去并不能代表未来。过去的事情我们无法改变，但是未来就掌握在我们手中，成功了不要自傲，失败了不要灰心，因为这些都将成为过去，它们都只是我们人生路上的一段小插曲,这个世界上没有一个人可以永远成功,也没有一个人会一直失败,未来究竟会怎样,由我们现在的行动来决定。"

当小女孩听到这段话时,心中有了一种别样的感觉,从此之后,每个礼拜日,在别人都坐好之后,她就会悄悄地走到教堂最后一排,听牧师讲解圣经,然后在快要结束的时候,再悄悄地离开教堂。

直到有一天,小女孩因为听得太入神,忘记了提前离开,当小女孩醒悟时,人群已经开始离场,门口挤满了要出去的人。小女孩没有办法,只好躲在角落里,以免引起其他人注意,想等其他人都离开后再走。

然而,牧师还是看到了小女孩,他走了过来,微笑着问她:"我经常看到你来,但是从没有见过你的父母。你是谁的孩子?"小女孩有些不知所措,呆呆地坐在椅子上,一句话也没有说,努力控制自己的情绪,不让自己哭出来。

牧师看到这个情景呆了一下,然后继续微笑着说:"我想我知道你是谁的孩子了,你是上帝的孩子。你和所有人一样,都是上帝的孩子。过去发生了什么并不重要,重要的是你要对未来充满希望,去做自己想做的事情。"

从此之后,小女孩彻底改变了。她不再因为自己的出身而感到自卑,不再因为他人的目光而怯懦,她只想去做自己想做的事情。若干年后,小女孩长大成人,并且事业有成,当有人问她当年是如何从身世的阴影中走出来时,她说:"过去不能代表未来,我正是明白了这一点，才抛掉所有的压力，一心去做自己想做的事情。"

曾经有个记者问球王贝利："在你的所有进球中，哪一个让你最骄傲？"贝利微笑着回答说："下一个。"

我们的过去无论是辉煌无比还是不堪回首，都过去了。辉煌不会因为我们曾经拥有过就再次来到，失败也不会因为我们曾经经历过就又一次出现，未来才是我们应该努力追求的。昨天的成功和失败，因为现在而成为过去，未来是充满无限可能的。

比身体自由更重要的是心灵自由

自杀的囚犯

在美国电影《肖申克的救赎》中，有一个在监狱呆了五十年的老囚犯，名字叫作布鲁克斯。

没进监狱前的布鲁克斯是一个年轻且有活力的人，因年少轻狂犯了罪，被送进了监狱，并且被判处终身监禁。

监狱的生活是非常难熬的，尤其对刚进入监狱的布鲁克斯来说。在经历一段不适应期之后，布鲁克斯像其囚犯一样，开始融入监狱生活中。进入监狱的第八年，布鲁克斯获得了一份其他囚犯眼中的美差，他成为了监狱的图书管理员，每天推着一个装满书籍的小推车，给监狱中的犯人送书。这个工作让他感受到了自己的价值。

就这样，布鲁克斯在监狱中度过了五十年，由一个充满活力的年轻人变成了一个行动迟缓的老人。终于有一天，布鲁克斯被告知他获得了假释，即将离开监狱重获自由，这在许多囚犯眼中是梦寐以求的事情，但是布鲁克斯却做出了一个意外的举动。当他的一个朋友来看望他时，他手持尖刀劫持了这个朋友，并且扬言要杀掉他。布鲁克斯已经脱离墙外的世界五十年之久，他对离开监狱感到害怕。

最终布鲁克斯没有杀死自己的朋友，他离开监狱，重新回到了社会。此时的布鲁克斯完全不适应外面的世界，在监狱里他是一个受人尊重的图书管理员，但是在自由社会里，他只不过是一个刚从监狱里出来的老头而已。几经徘徊和挣扎，最终布鲁克斯选择结束自己的生命，并且死之前在墙上刻下了这么一句话：制度是不可逾越的。

对于我们来说，自由分为两个方面，一方面是身体的自由，一方面是心灵的自由。心灵的自由，其重要性要远超过身体的自由。就像布鲁克斯一样，虽然他的身体离开了监狱，得到了自由，但是他的心灵却依然被监狱的高墙所包围，自由对他来说是没有意义的。

对于心灵自由的人来说，即使身陷囹圄，心灵也是自由的。南非总理曼德拉的故事，就是现实版的《肖申克的救赎》。曼德拉曾经被关押了27年，但这27年，把他磨砺成了更强大的人。

曼德拉的故事

纳尔逊·罗利赫拉赫拉·曼德拉1918年出生在南非特兰斯凯，

早年间获得南非大学文学学士学位和威特沃特斯兰德大学律师资格。曾经担任过非国大青年联盟全国书记和主席，在1994年当选南非总统，是南非首任黑人总统，执政五年，被称作南非国父。1993年，曼德拉获得诺贝尔和平奖，2004年，他被评选为最伟大的南非人。

曼德拉是反种族隔离人士，并将自己的一生都献给了反种族隔离事业。1961年，为了抗议提倡种族隔离的白人建立的"南非共和国"，曼德拉领导了罢工运动，但很快遭到种族主义者的镇压。此后，曼德拉意识到仅靠罢工、游行是解决不了问题的，于是创建了非国大军事组织"民族之矛"，进行武装斗争。在武装斗争期间，曼德拉还秘密出国访问，向全世界呼吁对被种族主义者把控的南非实施经济制裁。

曼德拉反种族主义的行为让很多西方国家感到不满，1962年8月，南非种族隔离政权在美国中情局的帮助下，将曼德拉逮捕入狱，自此，曼德拉开始了长达27年的"监狱生涯"。

在普通人看来，27年的监狱生涯足以让一个人彻底崩溃，更何况曼德拉在狱中还受到当时政府的"特殊照顾"。但是，曼德拉并没有被长期的监狱生活所毁灭，他曾经说，从某种角度来看，监狱反而成就了他。

最初，曼德拉被关在比勒陀利亚地方监狱。在监狱中，曼德拉为了争取自己的合法权利，和监狱方产生了矛盾，同时在当局政府的授意下，他遭到了隔离关押。在隔离关押的牢房中，见不到任何自然光线，也没有任何可供阅读的东西，曼德拉已经彻底和外界隔绝。他每天要在牢房里待23个小时，上午和下午各有半个小时的外出活动时间。曼德拉为了获得和他人交流的机会，主动让步，放弃了自己的一些权利。

两年之后，当时的南非政府以"企图以暴力推翻政府"的罪名，判处曼德拉终身监禁。判决生效后，他被转移到了位于罗本岛的南非最大的秘密监狱。在那里，曼德拉被关押在一个只有4.5平方米的牢房中，经常受到各种虐待。

即便是在这种环境下，曼德拉也没有放弃对生活的希望，他要求监狱允许他开辟一片菜园，虽然这个请求多次遭到拒绝，但是曼德拉始终坚持，最终监狱同意了他的请求。另外，曼德拉为了保持身体健康，每天在牢房里运动，比如跑步、俯卧撑等，从不间断。

1982年，曼德拉再次被转移，被送到了波尔斯尔摩监狱。这时的曼德拉已经在罗本岛上被关押了18年之久。

在波尔斯尔摩监狱，曼德拉有时会被安排跳进冰冷的海水中寻找海带，或者去采石灰。不过更多的时候，曼德拉是在采石场度过的，他的工作就是将采石场的大块石头碎成小块。每天犯人们戴着镣铐来到采石场，狱警将镣铐打开后犯人们必须马上开始工作。即使这时的曼德拉已经被囚禁了二十年，他依然是一个非常重要的犯人，所以每天都有3个人专门看着他。看守他的人对他的态度很恶劣，总是找机会羞辱他。

然而，强度极大的体力劳动和看守的羞辱，并没有让曼德拉放弃希望，他在这里开辟了一片菜园，种了近千株植物。

曼德拉在罗本岛和波尔斯尔摩监狱都曾要求开辟一片菜园，为了实现这个目的，他愿意做出一些让步。长期的监狱生活使曼德拉需要一个精神家园，而菜园就是这个精神家园。这对于一个饱受折磨，但是心存希望的人尤为重要，也尤为珍贵。

1984年，南非政府答应曼德拉与自己的夫人见面的请求，当曼德拉的夫人得知这个消息后，第一反应就是曼德拉可能快要离开人世了。两人见面后，他们紧紧地拥抱在一起，持续了很长时间。后来曼德拉回忆起这段经历时说："那是我二十一年来感到最幸福的时刻，因为我无时无刻不在挂念着自己的妻子，但是我已经有二十一年没有触碰过她的手了。"

1990年，种族隔离政策在南非被废除，民族实现了和解。同年2月10日，当时的南非总统德克勒克宣布释放曼德拉，在总统发布消息后的第二天，在监狱中度过27年的曼德拉终于重获自由。

在曼德拉出狱那天，他来到索韦托足球场，面向球场内12万慕名而来的人们发表了著名的"出狱演说"。一个月之后，曼德拉被任命为非国大副主席，代行主席职务。

虽然曼德拉离开社会27年，但是人民对他的支持，让他感觉自己似乎从没有离开过。也正是人民的这份支持，让曼德拉觉得自己在27年里承受的痛苦和折磨是值得的。

1991年，曼德拉当选南非新一任总统，在总统就职典礼上，他的一个行为让全世界感到震惊。在仪式开始之后，曼德拉按照流程，首先介绍参加就职典礼的各国政要，对他们的到来表示欢迎。然而介绍完这些政要之后，曼德拉说："虽然我为能够招待来自全世界各国的尊贵客人感到荣幸，但是我最高兴的是能够将当年在监狱里专门看护我的3名守卫请来。"然后，曼德拉向在场所有人介绍了这三名守卫。

曼德拉在就职典礼上的这一行为，让很多憎恨他的种族主义者感到无地自容，让在场的所有来宾肃然起敬。当曼德拉站起身来，恭敬地向那三个曾看押他的看守致敬时，偌大的会场顿时安静了下来，随后爆发出热烈的掌声。

曼德拉后来解释说：被关进监狱之前，自己年轻气盛，性格比较暴躁，是监狱让他学会了控制自己的情绪，让他能够活到现在。如果自己没有被关进监狱，相信过不了多久，就会因为和别人发生冲突而受伤或者死亡。当我踏出监狱大门走向自由的那一刻，我就意识到自己必须将痛苦和仇恨永远留在监狱里，否则即使我走出了监狱，我的内心却依然在监狱里。

27年的监狱生活让他学会了如何面对人生的痛苦，让他学会了激励自己，让他有时间思考自己的人生。

很多人在被烦恼困扰，感觉自己的生活总是充满痛苦和不幸，因而变得愤世嫉俗、怨天尤人。其实，如果这些人尝试像曼德拉那样学会宽容和感恩，也许生活就会发生巨大的变化。

关键是，无论我们身在何处，无论我们做什么，真正能够给我们带来自由的，绝不是"世界那么大，我想去看看"，也不是"说走就走的旅行"，而是那一颗无所畏惧向往自由的心。

第四章

意识进化：
激发你的无限潜能

01 冲向苍穹前，让我们一起砸烂牢墙

意识使你自我觉察

☞ 别在无意识中混日子

我们真的可以通过自己的意识创造精神满足、物质富足的生活吗？即使现在的我们处于非常糟糕的生活状态下？

你会坚定不移地相信这一点吗？

我之所以问这个问题，是因为是否相信这一点会造就完全不同的人生。相信这一点的人，愿意通过改变自己的意识，达到改变自己的行为和生活的目的，而不愿意相信这一点的人，则会缺乏意识，在无意识的状态下荒废一生。

☞ 意识让人觉察自己

如果要问究竟什么能够让人觉察自己、认清自己，那答案一定是意识。

在《圣经·创世纪》中，上帝创造了亚当和夏娃，他们快乐地居住在伊甸园中。但是后来夏娃受到蛇的引诱，吃了智慧树上的果实，并且让亚当也一起吃了，之后二人就有了智慧，意识到了自我的存在。

当他们看到自己赤身裸体，产生了羞愧的情绪。而上帝发现他们偷吃禁果之后，将他们赶出了伊甸园，他们也从此失去了纯

粹的快乐。

人类获得自我意识是需要付出代价的，这个代价就是失去纯粹的快乐，尝遍悲喜。但是，也正是因为有了自我意识，人类才能够改变自我，一次次取得进步，促使社会前行。

意识对于人类来说，就像亚当和夏娃偷吃了智慧果，蒙昧的心中突然点亮了意识的光。

在人类的历史长河中，每一次大的变革与提升，其本质就是意识的转变与提升。

意识对人类来说是极其重要的，意识对于个体来说，同样重要，它决定了个体的命运。人类的发展离不开自我意识，个人的发展也同样离不开自我意识。

☞ **意识和潜意识**

在我们还是胎儿时，就会通过感官系统来感受和了解这个世界，并建立起一个初级的意识和潜意识信息库，通常我们将这些信息库中的内容称为信念、规则和价值观，也就是我们的思维系统，我们的绝大多数行为都会受到这个系统的控制。

每个人在胎儿期所面对的外界环境不同，通过感官系统接收到的信息也不同，因此思维系统会出现差异，行为模式也就各不相同。而在我们成长的过程中，我们会不断接收新的外界信息，这些信息同样会影响我们，我们会不断发生改变，这样一来我们就可以得出一个结论：人是随时在发生变化的，没有一个人会在一分钟时间里完全一样。

虽然意识和潜意识是同时建立的，但是它们的分工却很明确。

意识是负责当下事情的。遇见事情时，意识会迅速从大脑中搜寻相关的信息，然后进行判断和分析，最后结合当前的情况对我们的身体发出指令，让我们能够及时做出反应。

潜意识则不同，它主要负责人体的三大系统，分别是：免疫系统、内分泌系统及自主神经系统。人的绝大部分记忆都由它负责储存。在潜意识的信息库中，存储的信息有些"立场"并不相同。比如有时候父母的教育和老师的教育会有差别。这就不难想象，在我们大脑中存在多少"立场"矛盾的信息了。

因此，当我们遇到事情，意识在大脑中搜寻相关信息的时候，很可能会感到难以抉择，因为父母、朋友、同事、社会、个人经验等等多种相互矛盾的信息会同时被搜寻出来，意识无法短时间从中做出选择，我们就会陷入矛盾之中。

我们经常说的能力其实也是一种记忆，这种记忆同样由潜意识负责储存，我们的意识只是负责在恰当的时候提取相关记忆。如果意识在提取记忆的时候潜意识认可这么做，那么当意识发出指令指挥行为时，潜意识就会配合执行。但是，如果潜意识并不认可这么做，那么它就会让我们产生种种负面情绪，比如伤心、害怕、愤怒等等。我们在形容一个人修行很高时，经常会说这个人身心合一，这里身心合一指的就是意识和潜意识能够非常好地相互配合，不会出现相互矛盾的情况。

☞ 潜意识决定我们的未来

在这个世界上，每个做出成绩的人，都有坚定的潜意识做根基。我们的潜意识，影响了我们当下每分每秒的选择，而我们当下的每分每秒，汇集起来又成就了我们的未来。

20世纪40年代，美国有一位非常有名的预言家。虽然这位预言家不会占卜也不会用水晶球，但是他却有缜密的思维和出色的推理能力，因此，很快他的名声就传遍了全国，各个高校都争相请他去演讲。

一次，这位预言家受佐治亚州西南大学的邀请，举行了一场演讲。当演讲进行到一半中场休息时，两个西南大学的学生找到了这个预言家，希望他能帮忙预测下自己的未来。预言家听了之后微微一笑，说："这个没有问题，不过我在做出预测之前，先要向你们提一个问题，你们必须说出自己心中真实的答案，如果你撒谎了，那预测也就没有意义了。"两个学生都点头表示同意。

预言家说出了自己的问题："如果上帝让你们比其他人多出10分钟时间，并且在这10分钟里，你们还将拥有魔法，你们会做什么事？"

第一个学生想了想说："首先我会用魔法瞬间回到自己的家中，然后让我父亲失忆10分钟，这样我就能够开着他新买的车出去兜风了，而且还可以从他那里拿很多很多钱。"

第二个学生想了想说："虽然我每天的时间很紧张，除了学习之外，还要出去打工，但是我希望将这10分钟时间给那些比我更需要的人，比如即将发生车祸的人，即将遭遇自然灾害的人等等，有了这多出来的10分钟，他们就可以从容应对，避免受到伤害。"

预言家听完两个学生的答案后说："我现在已经可以大致判

断出你们未来的人生了。"他对第一个学生说:"我想你现在一定过着非常不错的生活,但是未来你需要学会管理财产,不然很容易变得穷困潦倒。"接着他又对第二个学生说:"你现在过得比较辛苦,但是你将来很可能成为一位优秀的政治家。"

听完预言家的话,第一个学生有些不满地说:"我父亲是华尔街有名的金融家,我家的财产是你绝对想象不到的数字,将来这些财产都会由我继承,我怎么可能穷困潦倒?"

预言家保持着微笑,对第一个学生说:"为什么会穷困潦倒这个问题只有你自己能回答。"

数年之后,预言家的两个预言果然都成为了现实。第一个学生在父亲死后继承了父亲的财产,但是他没有继承父亲的事业,也不懂得怎样打理财产,每天过着纸醉金迷的生活,最后在一次金融危机中宣告破产,成为了一名流浪汉。而第二位学生大学毕业之后就去参了军,之后当过商人,又当过州长。1974年,他成功当选了美国第三十九任总统,他就是吉米·卡特。

他们在10分钟里想做的事情,正是自己潜意识中最想做的事情:一个想要挥霍祖产,一个想要帮助他人。我们的生命有无数个十分钟,累积起来就是我们命运的轨迹。

不是预言家预言了他们的未来,而是他们的潜意识决定了他们的未来。

我们要把握自己的命运,就要从把握生命中的每个十分钟,每个当下的意识开始。如果我们无法认识到潜意识对未来的重要性，和每个当下的十分钟对未来的影响，就很容易在浑浑噩噩中成为一个失败的人。

意识进化的四个阶段

为什么有的人更容易成功？

美国有一位成功的演说家，他帮助无数人改变了自己的命运，让他们重新对生活产生了希望。

他出生在一个让人绝望的环境中，单亲家庭和一个嗜酒如命的父亲，典型的贫困家庭。在这样的家庭环境中，他很小就离开了学校，为生计而忙碌。但是这些并没有让他沮丧，他始终对生活充满信心，愿意去寻找生活的答案。

从懂事起，他就一直在寻找一个问题的答案：为什么有些人能够成功，而有些人却不能？他知道，自己得到的任何结果都有它的理由，一个人在生活上成功或者失败，也都有一个特定的原因。

最后，他发现问题的答案非常简单：如果我们想要获得某种成功，那就去看拥有这种成功的人是如何做的，没有获得这种成功的人又是怎么做的。成功的人就是做了前者所做的事，而不成功的人就是做了后者所做的事。

这就是他所追寻的问题的答案，也是一个百试不爽的规律。想要改变自己的人生，就实践这个规律吧，最关键的是，你是否相信这个规律呢？

☞ 为什么有些人比其他人更成功？

"我知道今天的事情还没有完成，但是现在我实在不想做了，留着以后再做吧。""我知道吸烟有害健康，但是我就是戒不了。""我知道自己工作总是不认真，但我就是这样的人。"……

为什么很多人知道自己的问题在哪里，但就是不愿意改变，在浑浑噩噩中混生活？因为这些人其实并不相信意识能够改变自己，不相信意识能够给我们带来幸福的生活，并且不相信意识会因为我们的放纵而给我们带来惩罚。

对那些总是混日子的人来说，生活总是充满了随意。因此他们的厨房总是一片狼藉，他们的脏衣服经常堆满洗衣机，他们的办公桌总是是乱七八糟……

在他们的生活中，有太多应该做但是没有做的事情，这些事情时刻提醒着他们：你缺少行动力，你的行动效率非常低。

面对如此糟糕的生活，怎么才能改变呢？也就是说一个人如何才能从无意识地混日子变成有意识地去安排自己的生活呢？

答案其实很简单，你需要的只是一个信念和行动。你是否相信自己可以通过双手和头脑过上理想的生活？你是否愿意立刻行动起来？比如吃完饭立刻将厨房收拾干净，而不是等到不得已的时候再去收拾。

拥有一个全新的理念，就能够让自己对生活充满希望。做任何事情都不拖泥带水，应该做的就立刻去做，保持高效的行动力，这种行动力能够带领我们去实现自己的梦想。

意识可以改变我们的行为，可以改变我们的生活，因为每个人的都是不断变化的，而不是一成不变的。人们常说的"三岁看大，七岁看老"，只适用于那些混生活和不追求进步的人。

职业运动员为了保持良好的状态，每天都要进行训练，人的精神状态其实也一样。人想要保持精神状态良好，也必须经常锻炼（陶冶）。即使人的精神状态经过引导，得到了提高，一旦放松懈怠，状态就会下滑。

人的大脑是一个系统，不停运转，同时也不停更新。持续某种行为，新习惯就会建立起来，旧习惯则会被新习惯替代。

当我们在改变的过程中感受到痛苦时，感到无法忍受时，请告诉自己，只有这样做，自己才能得到成长。就像法国思想家、文学家罗曼·罗兰所说的那样：累累的创伤，就是生命给你的最好东西，因为每个创伤都标志着前进了一步。

☞ 改变的四个阶段（见图4-1）

```
                    ┌── 阶段1：没有意识也没有行动
                    │
                    ├── 阶段2：有意识但没有行动
改变的四个阶段 ─────┤
                    ├── 阶段3：有意识也有行动
                    │
                    └── 阶段4：没有意识但有行动
```

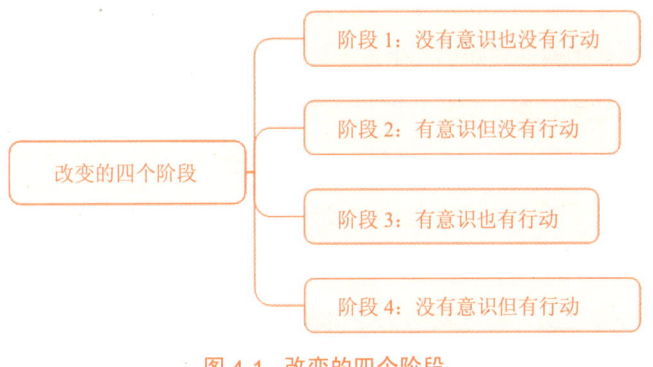

图4-1 改变的四个阶段

让新习惯取代旧习惯不是一蹴而就的，这需要一个过程，而这个过程可以分为四个阶段：

阶段1：没有意识也没有行动

处于这个阶段时，我们并不会意识到坏习惯的存在，也不会意识到它会对我们产生多大的影响。

阶段2：有意识但没有行动

处于这个阶段的我们，已经意识到坏习惯的存在，并且发现它对我们的生活产生的影响，这时我们开始准备改变坏习惯。

阶段3：有意识也有行动

这个阶段是最困难的一个阶段，因为我们已经开始改变旧习惯，在改变的过程中，我们会感到痛苦和挫折，只有经历过这些，新的习惯才能逐渐养成。

阶段4：没有意识但有行动

到达这个阶段时，代表我们的行动获得成功，新的习惯已经建立起来。此时，面对事情我们会无意识地按照正确的方法去应对，我们也将迎来新的人生。

虽然到达第4阶段，时代表着我们成功了，但是我们也必须注意，不要重新养成坏习惯，特别是在遭受巨大打击或者挫折的时候，更要提高警惕。随着时间的推移，新习惯对我们的影响也会不断加深，到达一定程度之后，我们就会发现，曾经看起来难以保持的习惯，如今我们已经习以为常，周围人对我们也有了新的认识。

只要我们意识到这些，相信这些，愿意去做这些事情，我们就会拥有强大的执行力，就能够让自己完成一些曾经看上去不可能的事情，我们的人生也就由过去的沙漠行车变为公路飞驰。这时，我们不再是模仿者，而成为了他人的榜样，成为了被模仿者，我们也就实现了自己的愿望，拥有了想要的生活。

所有的"被迫"，其实都是我们自己的选择

曾经有人问我："我怎么样才能幸福？"

我说："在幸福之前，你首先得不痛苦。"

人为什么痛苦？有两个根本原因：第一，你的欲望没有得到满足，你想要的得不到；第二，你现在做的事情你不喜欢，你"被迫"去做。

我曾问一位佛学大师："人为什么会不快乐？"

大师说："因为人的欲望太多了，现实满足不了。"

其实现实满足不了的根本原因，是我们定的标准太高了，对世界的期望值太高，对快乐的要求太高。每个人都希望自己比别人强，似乎所有人都把标准定为"我要超越别人"，但毫无疑问，总有人会失望。试着放低自己的标准，就会更快乐。

我们讲"人贵有自知之明"，我们也讲"知足常乐"。而很多佛学大师说过，人们修行，修的就是一个"接受"。真正的修行人没有苦大仇深的，如果修行了仍然不快乐，说明修行未到家。修行修的是心，心是接受现状接受现实不和自己的欲望较劲的心。

人痛苦的另外一个根源，就是自己做的事情自己不喜欢，明明不想去做还必须做，那当然会痛苦了！

我常常听别人说："这不是我想要的生活。""我都是被迫

的。""我不喜欢老板跟我谈理想，因为我的理想就是不上班。"

看上去，我们每天过的生活都是"被迫"的。

我们小时候被迫上学，长大后被迫上班，明明很困却被迫早起，明明很想回家休息却被迫应付客户，有些人没结婚的时候被迫谈恋爱，结婚以后被迫做家务，几年后又被迫生孩子、养孩子……

人的每一天都是"被迫的"，这样看起来人还真是痛苦。一个人的痛苦程度，来源于他每天"被迫"的次数和程度，一个人被迫的程度越高，被迫的次数越多，就会越痛苦！

这样看起来，似乎我们的幸福指数，和被迫指数是牢牢挂钩的，我们的被迫指数越低，我们的幸福指数就越高。

但是你想知道，完全不被迫的人生是什么样的吗？

我有一个朋友，他属于百里挑一的聪明人，很喜欢思考人生问题。他常常对我说："我感觉自己的每一天都在被人推着走，虽然我做得还不错，但是我感觉很累。我真希望过上自己100%想过的生活。"

我很支持他的想法，在他又一次对我说工作太累时，我说："你不妨给自己放个长假，试试看你真正想过的生活是不是真的让你很开心。"

他说："我正有此意，我都好几年没有休息了，现在正好休息下。"

于是他向公司请了长假，开始过自己最想要的生活。

后来他把这个过程写成了日记。

第一周，他感觉非常幸福。不用上班，也不用强迫自己应酬。他每天都睡到自然醒，不感到饿绝不吃饭，而且坚决不自己做，而是叫外卖。吃完饭外卖盒子一扔，开始看电影，看完电影打打游戏，往往到凌晨两三点钟才睡（以前他上班虽然很累，但是都坚持11点睡觉）。

总之，他想吃就吃，想睡就睡，不想做的事情一律不做。在第一周的时间里，他感觉非常自由。

第二周，他觉得这样的生活虽然舒适，但是也太无聊了。他开始想早点睡，但是没有事情逼着他早起，他也就没有必要早睡。同时，他除了看电影、看书和玩游戏，并没有事情做，于是他想出去旅行。

第三周，他试着做以前没有做过的事情——自由行，这是他长久以来的愿望。他看了很多风景，也见到了一些平时接触不到的人。

第四周，他吃腻了外面的饭，开始想念公司食堂里的饭。虽然外面的风景仍然很精彩，但是已经不是那么吸引他。他开始怀念以前上班的日子，每天生活的节奏那么快，同时也很充实。

第四周结束，他几乎是迫不及待地回到了城市中，重新开始上班。

后来他对我说："我以为我每天都是被迫工作，其实不是。"是的，很多事情看上去我们是被迫做的，但实际上是我们自己选择的。我们最害怕的，就是自己选的还觉得不好，而且很多时候，

我们看起来被迫做的事情，其实都会给我们带来好处。

这就是人的本性啊，大多数人所过的生活，都是自己主动选择的。但是，明明是我们主动选择的，能给我们带来好处的，我们还是要说："我不喜欢，我不快乐！"哪有100%令我们喜欢、又给我们带来好处的事情呢！

被迫，在我们的人生中，本身是一件好事。如果我们不是被迫上班，就没有收入来养活自己、养家糊口；如果我们不是被迫应酬客户，就没办法做好自己的事业；如果我们不是被迫陪伴家人，就无法收获幸福的家庭；如果我们不是被迫抚养子女，就无法获得天伦之乐。

所有的被迫，都会给我们带来幸福，否则，无论别人怎么强迫你，你都不会去做。

人生快乐的真谛就是：喜欢你做的选择，让所有表面上的被迫，变成真正的快乐。

我们必须告诉自己：我选择！我快乐！

现在我们必须对自己说：人生所有的事情都不是被迫的，都是我们自己选择的。

上学是你的选择，上班也是你的选择，应酬客户是你的选择，陪伴老婆也是你的选择，生小孩更是你的选择。

人生中所有的事情，都是我们主动选择的。所以，不要再给自己洗脑"自己是被迫"的了，这个念头除了让你感觉无力和痛苦，没有任何积极向上的能量。

生命的一切都是我选择的！我选择，我喜欢！

人最大的毛病，就是自己选择的，自己却不喜欢。我们选择了自己的妻子或丈夫，却不满意；我们选择了自己的工作，却常常抱怨。事情本身没有好坏，就看你愿不愿意去做，如果你愿意做一件事，怎样你都不会感觉累，如果你不愿意做一件事，怎样都会感觉很累。

很多人会说：但是我生命中的很多痛苦，不是我选择的啊。

我有一个女学员，她人生中最大的痛苦就是个子不高，只有一米五，她因这个身高，受过很多白眼，吃过很多苦，市面上所有能试的增高偏方她都试过了，就差断骨增高了，她要去断骨之前，被家人拦住了。这个手术后遗症很严重，很可能永远没法好好走路，还增高不了。

她来到我的课堂，说到人生中的痛苦声泪俱下，说身高给她带来的烦恼、对高挑女孩子的羡慕、内心的不甘等等。

确实，身体上的缺陷不是我们选择的，我们也无法改变，它也给我们带来了实实在在的痛苦。

但是，你真的要让这些缺陷和痛苦影响自己一生吗？如果把人生的缺陷比作一个泥沼，我们是要浸在里面反反复复被它折磨，还是自己爬出来，洗干净，然后不去看它？

很多时候，我们是自己选择在这个泥沼里痛苦和沉沦啊。对于那些无法改变的事情，我们为什么要让它们持续伤害我们？

我想告诉大家的是：人不光要活着，还要有态度地活。

你可以选择活得痛苦，也可以选择活得快乐。

在一个论坛，有人请大家分享自己听到的最漂亮的一句话。

有个网友分享了这么个故事：

有天她下班，发现鞋子坏了，于是去修鞋。街边修鞋的，是一位患有侏儒症的修鞋师傅。鞋很快修好了，她刚转身，听见身后的师傅自言自语地说："嘿！爷们儿我今儿真棒！"

这个网友形容这个声音是："带着笑意和鼓励，以及让人无法拒绝的满满诚意。"这个网友最后评价说"世界上最漂亮的话，干吗不说给自己。"

而这短暂又真实的故事在短时间内就获得了四万多个"赞"。

爷们儿我今儿真棒！这是一个残疾大哥的人生态度，身体的残疾，可比我们普通的小烦恼、小缺陷要严重得多，但是怎么看待它，怎么看待自己的生活，是你自己的选择。

我们要知道一件事：每个人的当下，都是在自己现有的条件上，做出的最好的选择——人怎样才能更幸福呢？就是知道：我所拥有的，都是最好的，我所失去的，都是不够好的。

一旦你做出选择，就要让自己喜欢它，人啊，千万不要和自己较劲。《霸王别姬》里有句话："人得自己成全自己。"就是这个道理。

只有搞明白了这个道理，我们才能开心地度过每一天。我们可以一边工作一边快乐地想晚上吃什么，可以吃完饭一边刷碗一边唱歌。

人活着，就活一口气，活一份态度出来。

让拖延远离我们

拖延症患者的一天

小A是个典型的拖延症患者,她的标准化一天是这样度过的。

小A的一天是从凌晨12点开始的,大多数上班族此时都在睡觉,而小A还在恋恋不舍地看小说或电影。明明应该11点睡觉,可到了12点小A还在玩。

过一会儿就去洗漱,小A想。就这样一直拖到了12点半,洗澡上厕所等等之后,在凌晨1点左右小A进入梦乡。

早上9点上班,小A到单位需要一个小时,洗漱和吃早饭需要30分钟,所以小A应该7点半以前起床,但因为睡得晚,虽然每次小A都是把闹铃设置在7点20,最后还是会在离8点还有几分钟的时候匆匆忙忙起床和洗漱。

8点多一点小A出门了,没有时间好好整理衣服,也没有时间化妆,小A看起来不是那么精神,但是好歹还算干净。

小A有时可以刚好9点到单位,有时则会晚一点儿,总之,小A从来没有连续一周不迟到过,所以小A从来与全勤奖无缘。

9点到了单位,小A开始开电脑、看新闻、泡茶、吃东西。今天的工作包括完成一份3000字左右的报告(上个星期上司交代的,小A已经拖了一个礼拜,今天是最后一天,小A已经到了看见上司恨不得绕着走的地步)、联系两个客户、和同事对一下账。

一上午很快就过去了，小A打开Word假装在敲字和查资料，其实她在一边看新闻一边和朋友聊天，什么也没干。到了下午2点，小A意识到必须得干活了。

磨磨蹭蹭地找资料、写报告，终于在4点的时候，小A匆匆忙忙把报告赶完了，来不及仔细检查，就慌忙发给上司。

上司接收报告后什么也没说，上司从来没有对小A说过"辛苦了"之类的话，而对其他同事倒是和颜悦色。

小A去找同事对账，同事的工作也很忙，小A在旁边等了20分钟，终于在5点之前和同事对完了账。其实对账只花了十几分钟，但是小A拖了一整天。

小A叹口气，开始给客户打电话。客户接到电话不是很高兴，小A的公司五点半下班，客户的公司则是5点……接到小A的电话意味着要延迟下班，虽然不用花很长时间，但还是让人不那么开心……何况明明有一白天的时间可以做这件事。

到了五点半，小A松口气，今天一天的事情总算完成了。

下班后小A想了想，去吃了大排档。晚上想好了要做运动、要履行自己的学习计划，但是回到家，还是迅速瘫在沙发上开始看电视……一直到必须睡觉的时候。

☞ 找到拖延的根源

在现代社会，很多人在受拖延症的困扰，拖延对人生的打击是小火慢熬式，也许它带来痛苦强度不是那么大，但是它的影响却是时时刻刻的。

深受拖延症困扰的人，往往做一件事之前需要进行漫长的心理准备，所有的工作不到最后绝不去做，还有很多拖延症患者兼有"晚睡综合征"，不到迫不得已不去睡觉。

拖延症使我们毫无效率可言，严重的拖延症还会使我们丧失人生的重要机会。没有任何一个事业成功的人是拖延症患者，也没有一个拖延症患者能够拍着胸脯说：我非常快乐。

拖延症使我们失去机会，拖延症使我们与快乐无缘，更重要的是，拖延症使我们失去了对自己人生的控制。

一个人拖延久了，会发现自己的信心逐渐被蚕食，他人对你的信心也越来越小：事情做不好，任何事到你那里总是拖延，一开始别人只是质疑你的态度，但是慢慢地他们开始质疑你的能力，到最后，他们质疑的是你整个人。

这还不是最糟的：质疑不是结果，为你盖章定论才是。

只有拖延症患者才知道，拖延给自己的生活带来了多么大的灾难。

关于拖延，我阅读了大量心理学资料，最终发现，拖延症远远不止它看起来那么简单，其实它背后有着复杂的心理成因。

拖延的本质是对压力的抗拒和回避，因为不愿意面对压力，所以采取了回避的方法，但是回避这种行为本身只会带来更大的痛苦。

有拖延症的人往往深受拖延症带来的痛苦的折磨，几乎所有拖延症患者都非常痛恨的自己的拖延行为，也非常想改变，但就是无法付诸行动。

☞ 是什么造成了拖延（见图 4-2）

拖延的成因分为主观因素和客观因素，其中客观因素只占 20%，剩下 80% 是由我们的主观因素造成的。

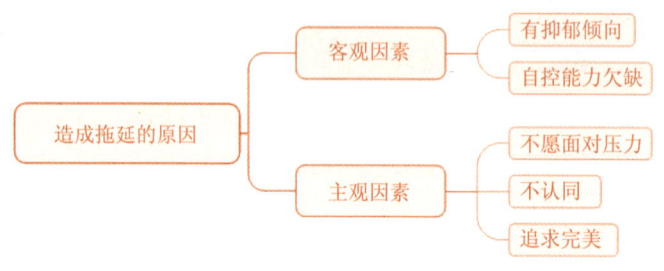

图 4-2 造成拖延的原因

客观因素

如果一个人有了抑郁的倾向，就会有拖延的行为。所以对于这些人来说，只有先解决抑郁的问题，才能有效地解决拖延的问题。

自控能力欠缺也是造成拖延的客观因素之一。很多人认为自控能力属于主观因素，但这并不完全正确。我们需要认识到，对于自控，需要我们的意志力去配合，然而意志力是一种有限的资源，在我们自控的同时，意志力会不断地损耗，当意志力不足以影响我们的行为之后，我们就有可能会拖延。

主观因素

拖延很大程度上是我们的主观因素造成的，也就是我们心理的因素。

心理因素 1：不愿意面对压力

不愿意面对压力，也就是逃避压力。我们面对一件事情，如果感受到压力，就会选择逃避，而逃避会让我们延后去处理这件事情，直到事情避无可避时，才被迫去面对。

心理因素 2：不认同

如果我们对一件事情不认同，但是必须去做，就会有意识地进行拖延。

比如上级交代给我们一项工作，但是这项工作我们并不喜欢，我们不认同工作的内容，但是又必须去做，这时我们就会选择拖延。

心理因素 3：追求完美

拖延经常会在完美主义者身上出现，他们越追求完美，拖延出现的概率就越高。

焦虑通常和追求完美相伴，因为过分追求完美，就会担心自己不能将事情做得完美。"如果我不能将这件事情做得完美，我就失败了。"完美主义者不愿意面对这种失败，因此就会犹豫不前。

如何克服拖延

我们知道自己拖延的原因之后，它就显得没那么可怕了。彻底克服拖延，我们需要按几个步骤来进行（见图 4-3）。

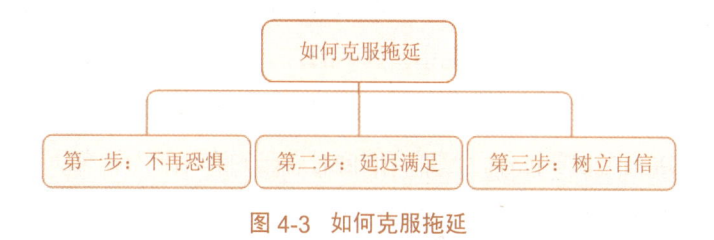

```
                    如何克服拖延
          ┌─────────────┼─────────────┐
    第一步：不再恐惧   第二步：延迟满足   第三步：树立自信
```

图 4-3　如何克服拖延

第一步：不再恐惧

恐惧拖延对我们克服拖延毫无作用，甚至会进一步加重拖延。

有人认为恐惧的情绪有助于我们克服拖延，但事实并非如此。恐惧不能成为我们克服拖延的动力来源，伴随恐惧出现的通常还有压力。

不要让恐惧控制你的大脑，"拖延会毁了我的人生""再这么拖延下去，我将会彻底失败"，这些由恐惧而产生的负面思想只会增加我们的压力，而压力则会让我们更想逃避。

当我们面对事情能够真正放松、不再逃避或者不给自己找借口时，就会发现拖延是很好解决的。

要明白，问题不会自己消失，逃避所带来的痛苦要远大于直面问题所带来的痛苦，明白这一点我们克服拖延就会容易得多。

第二步：延迟满足

是先享受轻松快乐还是先迎接痛苦？

这是一个困扰无数人的问题。而绝大多数拖延症患者选择了先享受再迎接痛苦。要改变这种情况，我们需要做的是对享受和痛苦重新进行排序，学会延迟满足。

面对工作，我们可以选择先从难处理的工作入手。道理很简单，如果解决难处理的工作需要两小时，那我们在上班开始的两小时将这件工作处理完毕，剩下的六小时我们就会在快乐中度过。但是如果我们放到最后两小时来做，那前六小时虽然我们不用直接面对这项工作，但是我们会对自己的拖延行为抱有压力，这一天我们都将会在压力中度过。

第三步：树立自信

自信能够帮助我们解决绝大多数问题，对于拖延也不例外。

做任何事情都要循序渐进，克服拖延也一样。如果我们被拖延症困扰数年，就不要想一天去解决它，我们需要从一件件小事不拖延做起，而这个过程正是我们建立自信的过程。

我们越自信，面对拖延就会越轻松，也更容易改掉这个坏习惯。

02 潜能的释放量，决定了你的人生高度

点燃你心里的火山

只有火山燃烧时，我们才会感到由衷的幸福

你是否听说过这样的故事？一个平时看起来浑浑噩噩的人，某天突然转变，以往隐藏的精力和热情全被激发出来，并且凭借这份精力和热情，做出了不同寻常的事业。

这种故事并不罕见，故事的主角为什么会"突然之间"迸发出如此大的力量？

其实，我们每个人心里都有一座小火山，只是有的人心中的这座火山始终在燃烧，而绝大多数人心中的火山处于平静状态甚至熄灭状态。心中的火山没有燃烧的人，外人看他就像一潭死水，

只有他自己知道，其实内心一直有所希冀。

我们心中的火山需要燃烧，需要被认可，需要被看到，为此，我们孜孜不倦地寻求突破。我们在少年时看起来豪情万丈，但是到了青年和中年时期却显得激情全无，这并不是因为我们心中的火山彻底熄灭了，而是过去，我们的火山没有被别人、被自己看到，所以始终是被拒绝状态。如果我们内心的火焰不能被释放和燃烧，就会以失望、受挫、痛苦、自责等等形式出现。如果你对自己的现状感到受挫和失望，那正是因为你内心的火焰渴望被燃烧。当我们内心的火山和我们外在的环境达成一致时，我们才能够由衷地感觉到快乐和幸福。

平静状态，并不代表它是死的，只是它在等待一个机会，我们要做的，就是主动为它创造机会。

什么时候火山会燃烧起来？当你找到自己内心真正的追求时。如果你不知道自己真正的追求是什么，你可以先问问自己：

我的独特性在哪里？

我和其他人有什么不一样？

我的天赋在哪里？

我们和其他人不一样的地方，构成了独特的自我。我们只有发现它、认可它、挖掘它，我们内在的火山才会真正燃烧起来。所有那些看起来豪情万丈、才华横溢的人，他们的内外都是一致的，他们的所作所为，为自己内在的动力找到了一个出口，所以，他们内心的激情和能量，能够像火山爆发一样迸发出来。

能够让你内在的火山燃烧起来的方法是：

找到你真正想做的事。

找到你真正擅长的事。

把自己的精力和动力投入其中，不要以任何借口回避它。

☞ **物质追求绝非真正的目标**

美国著名心理学家亚伯拉罕·马斯洛将人的需求从低到高分成了五个层次：生理需求、安全需求、社交需求、尊重需求和自我实现需求。我们经常说的物质需求属于生理需求，是其他需求的基础。

如果基本的生理需求没有得到满足，那就很难满足后面的四种需求。比如，在基本的温饱都无法保证时，有多少人会考虑如何才能感觉到安全、自己的精神需求如何才能满足？我们不否认存在这样的人，但是这类人占的比例非常小，这是事实，也是现实。

由此可知，物质对我们的人生起着至关重要的作用，但是物质是我们所追求的终极目标吗？答案当然是否定的。

现在很多人将财富当作自己的人生目标，但是，假如这个人生目标实现了，我们拥有了享用不尽的财富，所有的物质需求都得到了满足，我们就能够获得快乐吗？

像中国古代的皇帝，除了少数时运不济的，大部分都过着衣食无忧、想要什么就有什么的生活，可是他们生活得快乐吗？我们看看各种史料就会发现，即使是作为皇帝，也总是有这样那样的不顺，也过得不快乐。

这是因为财富只能满足我们的物质需求，这些需求都是外在的，而无法满足我们的内在需求，也就无法真正让我们的内心感到快乐。而且，当一个人内心充满不安全感时，财富的增加反而会让这个人的不安全感进一步加重。

我们无论在故事里还是在现实生活中，都听过这样的故事：出生于显赫家庭的孩子，长大后却对父辈的事业不感兴趣，只想按照自己的意愿去生活。为什么这些孩子会做出这样的选择？因为他们知道自己真正喜欢的是什么，知道自己内在的需求是什么，财富除了能让他们的生理需求得到满足，再没有别的意义了。

我们常常会听到价值观这个词，它是我们衡量一件事情该不该做的标准。当然，一件事情要做的前提，是我们相信它是可能的，反过来也一样，我们相信它是不可能的，我们就不会去做，所以信念和价值观分不开。

你觉得做一件事情能够产生价值，你就会去做这件事情，如果你觉得做一件事情不会产生价值，你就会拒绝去做。这里所说的价值就包含了我们内心的深层次需求，所有的外在价值都和我们内心深层次的需求有所联系，它们只是一个载体。

一个人有很多种本能，其中最为核心的就是生存，这也是我们内心深层次的需求，因此伴随这种需求就会产生很多外在的价值。比如希望获得可以换取食物的金钱，或者得到他人的尊重以便拥有更好的生存环境等等。

一个人的动力就是源于他的信念和价值观，没有哪两个人拥有相同的信念和价值观，所以每个人的动力来源也就各不相同。当然，其中一些核心的内容是比较常见的，比如：鼓励、奖励、尊重、认可等。

而你独特的价值观造就了你独特的内心需求。

☞ **不要被事物表象所迷惑**

西汉时期，在边塞住着一个以养马为生的老头，名叫塞翁。一天，他养的一匹非常好的马突然跑丢了，周围的邻居得知这件事情之后，纷纷过来安慰他。因为对于以养马为生的塞翁来说，一匹好马对他来说非常重要。但是面对前来安慰他的邻居，塞翁却没表现出一点着急和难过，只是笑着对大家说："虽然马丢了是我的损失，但说不定这还是一件好事呢。"

几天之后，塞翁丢失的那匹好马竟然自己跑回来了，还带回来一匹马。这件事很快就传开了，大家纷纷过来祝贺塞翁。可是塞翁却一点儿都不高兴，他对来祝贺他的人说："虽然我现在多了一匹马，可这说不定是一件坏事呢。"

第二天，塞翁的儿子看着新来的马十分好奇，就骑着出去玩。但是这匹马其实是野马，被人骑上之后就到处乱跑，结果塞翁的儿子从马上摔了下来，把腿摔断了。邻居们知道后又赶来看望塞翁，不停地安慰他。塞翁自己倒没有多难过，只是说："虽然孩子受了伤，但谁知道是不是一件好事。"

没多久边塞发生了战争，塞翁所在村子里的年轻人都被抓走当了兵，大部分都死在了战场上，而塞翁的儿子因为腿摔断了，幸运地被留在了家中。

这个故事就是成语"塞翁失马"的出处，而后人在使用这个成语时通常会在后面再加上一句话，连起来就是"塞翁失马，焉知非福"。

一件事情从表面上看你可能受了损失，但实际上你却有可能因此而获得好处，所以当我们身处看上去非常糟糕的境况时，不要气馁，转机也许很快就会出现。而一件事情看上去你会因此而获得好处，但实际上你却有可能因此遭受损失，所以当你身处顺境时要时刻保持警惕，不要降低对自己的要求，不要被事情的表象所迷惑，只有这样，才能够让你心中的火山持续地燃烧，并释放能量。

成功的人往往能够忍受孤独

为了生活、为了工作、为了事业，很多时候我们不能陪在亲人身边，必须牺牲休息时间和与家人团聚的时间，我们能否耐得住这种寂寞？

希拉里·克林顿，前美国总统威廉·克林顿的妻子，被认为是美国最有实权的第一夫人，她的学历在历届第一夫人中也是最高的。

希拉里在当第一夫人期间，主导过一系列改革，之后参选2008年民主党总统候选人。在奥巴马成为总统后，希拉里被提名为美国国务卿，之后，她又参加了美国2016年总统大选。这位杰出的女性政治家能走到今天这一步，与她能够忍得住孤独有很大关系。

第四章
意识进化：激发你的无限潜能

希拉里曾说自己是一个孤独的人。我们先解释一下孤独这个词的含义，希拉里所说的孤独有两层意思。

第一层，每个人都是独立的个体，所以在人群中，很容易产生孤独感。而大部分人会认为孤独是自己特有的，其他人都没有。这种错误的想法，最终可能导致自己陷入无尽的空虚和失落中，无法从里面走出来，以至虚度年华。如果在心里承认人本身就是孤独的，所有人都和自己一样，都会感觉到孤独，那么再产生孤独感就不会影响到我们正常的生活和工作。

第二层，孤独还有觉醒的意思，可以不断地提醒和激励自己，不要陷入某种陷阱中无法自拔。女性比男性更容易感觉孤独，所以她们会用聊天、逛街、购物等方式分散自己的注意力，好让自己远离孤独，至少在她们做这些事情的时候不会感觉到孤独。但是这些事情很容易让人上瘾，一旦习惯这些事情，就很难停下来，这些事情将会浪费她们大量的时间。

希拉里将自己看作是一个孤独的人，就是为了提醒自己，不要因为聊天、逛街、购物等事浪费时间，即使自己喜欢这些事情，也不能沉迷其中。

很多进入名牌大学的学生会有失落感，因为他们大多从小就是其他人羡慕的对象，在学校经常受到各种表扬，自己的所有行为都会得到其他人的关心。但是进入名牌大学之后，之前的成就和骄傲都变得毫无意义了，因为周围的人无一不是当地的佼佼者，这时他们心中很容易产生孤独感和挫败感。

当年进入耶鲁大学的希拉里就有这样的感觉，但是希拉里并没有被孤独感和挫败感击倒，她决心反击，而反击的方式就是学习。

当周围的同学逛街、约会、喝酒、玩游戏的时候，希拉里忍受着孤独在看书、在思考、在学习、在进步。希拉里的非凡能力就这样在孤独中一点点练就出来。她的这种态度让周围不少人十分惊讶，甚至认为她有些古怪。虽然这样的生活在别人眼里有些奇怪，但是对于希拉里来说却非常有意义。

希拉里学会了忍受孤独，知道如何利用孤独来实现自己的目标，同时她也喜欢这种孤独学者的生活方式。

无数大众眼中的成功人士背后，都有着孤独和奋斗的历史，也正是这种历史塑造了他们的成功。他们所走的路不是平坦大道，每一步都充满了艰难和坎坷。

很多人嘴上说着想成功，但实际上并不想成功，他们只是希望享受成功后的幸福。而通往成功的道路上，需要孤独，需要寂寞，这些他们是无法忍受的，因此我们会看到一些人嘴里不断念着"我要成功、我要努力"，但是却一直在原地踏步。这样的人会成功吗？答案很显然是否定的。

十年寒窗无人问，一举成名天下知。幸福和成功与孤独和寂寞是相伴而行的。想要真正有所成就的人，只有在前进的路上忍得住孤独和寂寞，才能够实现自己的目标，也可以说，成功只属于那些能够忍得住孤独和寂寞的人！

一胜九败的勇气

☞ 培养一胜九败的勇气

柳井正,日本第一富豪,优衣库品牌的创始人。如今,全球经济不景气,众多企业出现业绩下滑的现象,但是柳井正的优衣库却是一个例外,在他的带领下,优衣库的销量不但没有受到环境影响而下滑,反而出现了大幅增长。

在比尔·盖茨、沃伦·巴菲特等世界级商业巨头的身价都在缩水时,柳井正的身价却能够上升,一跃成为日本富豪榜的第一名,对此,不少人感到惊讶。如果我们回看柳井正的创业历史,就会发现他的确是一个传奇人物。从最早的一间小西装店铺,发展到全球范围内2000多家门店的服装销售巨头,柳井正在日本被称为继松下幸之助、盛田昭夫之后的又一个经营之神。

柳井正的成功所有人都看在眼里,但是少有人知道在他成功的背后,却有无数次失败。柳井正对自己事业的评价是"一胜九败"。

柳井正1949年出生在日本山口县宇部市中央町,他的家族可以说是"服装世家",不少亲戚都是做服装生意的。他的父亲在他出生的那一年,也开了一家服装店,主要销售西装,客户都是一些商务人士。1964年,这家店铺成为股份制有限公司,因此柳井正的家庭条件还是相当不错的。

父亲从小对他的要求就十分严格,父亲因为生意应酬,平时回家都很晚,但是无论什么时候回家,只要看到他,就会找各种事情训斥他。柳井正为了避免被父亲训斥，养成了早睡的习惯，这个习惯一直保持到现在。柳井正曾回忆说，印象中，父亲很少夸奖自己，只有考上高中和大学的时候，父亲夸奖过他。

不过，对于父亲经常训斥自己和很少夸奖自己，柳井正现在认为那是为了激励自己。父亲从小要求他无论做什么事情都必须拿第一名，这个观念对柳井正日后的经商产生了很大的影响。

大学毕业之后，柳井正并没有去找工作，但因为父亲要求他必须出去工作，他便在一家超市做了一年店员。1972年，柳井正的父亲将工作重心放到了建筑行业上，就让柳井正回到家中，照看西装店的生意。

刚进入自己家的西装店工作时，柳井正并没有什么突出的表现，但经过一段时间的熟悉之后，柳井正在超市的工作经验让他发现，西装店无论在进货还是在销售上，都存在很大的问题，这些问题导致员工工作效率低下，于是他便大刀阔斧地进行了改革。当时西装店一共有6位雇员，都在这里做了很长时间。柳井正提出的改革让他们非常不适应，最后6位店员有5位选择了离开。原来7个人的工作，就全由柳井正和那位留下的店员来做，这让柳井正每天都十分忙碌。

后来柳井正回忆这段经历时说："这段经历让我明白，创业并没有什么特殊的要求，每个人都可以创业，主要是看创业的人想怎么做。无论面对多少次失败都不气馁，敢于继续挑战，一个合格的创业者就是在这样的过程中被锻炼出来的。"

这时的柳井正已经不满足于一个小小的西装店，开始寻求更大的发展。他发现西装销量的多少，和销售人员的销售技巧有很大关系，同时，西装虽然利润比较高，但是周期长，而且客户有限，只有20岁以上的男人才会需要西装。因此，想要扩大规模，首先要从产品线上考虑，单纯依靠西装是很难发展起来的。

柳井正开始关心各类时装杂志，而且每年都会去国外考察，试图进军国外市场。这段时间里，他尝试在国外开服装店，又尝试开女性服装店，但先后失败了几次，关了又开，开了又关，如此反复，没有一家店是成功的。

一次，柳井正在美国考察，他走进一家店铺内，发现这里的店员并不主动接待顾客，而是让顾客自己去选择。同时，他还发现，国际品牌服饰折扣店正在兴起，虽然是折扣店，但是价格却依然让普通日本青年接受不了。他将自己发现的这些现象联系在一起，于是决定开一家集自助、流行和低价为一体的休闲服饰店，优衣库就这样诞生了。

在店铺开张之前，柳井正就通过电视、电台和传单的方式对新店进行了规模宣传，再加上主打流行和低价的策略，当店铺开张时，销售形势一片大好。随后，柳井正又连续开了几家分店，优衣库逐渐步入正轨。

虽然步入了正轨，但是优衣库之后的发展并非一帆风顺，事实上在优衣库发展的过程中，充满了艰难和失败。

最初的优衣库并没有自主品牌，当柳井正了解佐丹奴的模式之后，便决心做自主品牌。但是，当时优衣库根本没有这方面的经验，也没有相关的人才，第一批自主设计的服装是找代工厂加工的，结果销量惨淡，最后只能低价甩卖。柳井正开始反思，之后招到了一批有丰富服装生产经验的管理者，又将代工厂选在了中国，情况才有所改善。

1995年初，在亚洲发展良好的优衣库进军纽约市场，但是一进入就遭遇了滑铁卢。当时在亚洲非常畅销的基本款，到美国后并没有被市场接纳，因为美国人更喜欢鲜艳的颜色，而在亚洲畅销的基本款却是单色调，这次失败让优衣库在纽约市场上几乎全军覆没。优衣库在纽约的子公司有专门的商品策划部门，为什么还会出现这种情况？原因现在已经无从知晓了，最终纽约的子公司在开设三年半之后解散了。

1996年，优衣库收购了童装公司VM，进军童装市场，但是没过多久，就因为VM商标使用权的问题陷入了官司，而VM又不断亏损，在8个月之后，就宣布倒闭了。

1997年，经过一年时间的准备，优衣库开了专卖运动休闲装的店铺SPOQLO，之后又开了专卖家庭休闲装的店铺FAMIQLO，这两种店铺分别开了十几家。但是这两种店铺开设以来，并没有达到预期的销售目标，没多久就关闭了。

优衣库的失败和面临的艰难还有很多，比如早期银行融资困难，比如用户虽然购买他的衣服但并不喜欢这个品牌，买回去会将商标剪掉。又比如2002年，柳井正曾经将优衣库交于他人，自己退居幕后。但是2005年优衣库面临重大危机，柳井正又临危受命，重新担任社长。

因此，柳井正说优衣库是"一胜九败"并不夸张。优衣库能够发展到如今的规模，就是靠柳井正像"痴人"一样追逐梦想，不畏惧失败，战胜种种危机之后赢得的。也正是因为这样，柳井正坦言"成功一日即可舍弃"。

一次次的失败并没有击倒柳井正，反而让他越战越勇。柳井正对待失败的态度是：失败并不是问题，没有人愿意承担失败的责任才是大问题。毋庸置疑，没有人喜欢失败，但是，如果不能正确对待失败，或者选择无视失败、想忘记失败的经历，那只会让你再次失败，想要建立一个不会倒闭的公司，你可以一胜九败，但是绝不允许失败之后就一蹶不振。

☞ **有勇气的人才能做出非凡的成就**

一胜九败何其艰难！三次失败已经足够让大多数人消沉一生，何况九次失败呢？正因为如此，只有那些怀有一胜九败勇气的人，才能做出凡人做不出的成就。

柳井正的自传名为《一胜九败》，是因为柳井正觉得，做企业、做事业，本身就是九死一生的事情，因此要具备面临一次又一次失败时良好的心态。

他说："成功之中孕育着失败的胚芽。"这也是一种独特的忧患意识，仔细揣摩这句话，比"失败是成功之母"更显从容面对胜负的平常心，明明知道可能会失败，却不会因为可能会失败而停下自己的脚步，这，就是一胜九败的真谛。

对于具备这种勇气的人来说，一胜九败，只是刚好在第十次胜了，如果没有第十次的胜利，他们依然会向第十一次的失败前进，而绝不会因为失败而裹足不前。

03 让意识成就我们的力量

☞ 专注的作用

有个老和尚修行多年,已经得道。一天,老和尚的徒弟问他:"师父,您在得道之前每天都在做什么?"

老和尚回答:"砍柴、做饭。"

徒弟继续问:"那您得道之后每天又在做什么?"

老和尚回答:"砍柴、做饭。"

徒弟听到这儿,有点不理解了,问老和尚:"您在得道前和得道后都是在砍柴做饭,那得道还有什么用?"

老和尚微微一笑说:"虽然做的事情一样,但是没有得道前我在砍柴的时候想着做饭,在做饭的时候想着砍柴,而得道之后我砍柴时只想砍柴,做饭时只想做饭,这就是区别。"

很多时候,我们就像得道之前的老和尚,总是手里在做一件事情心里却想着另一件事情,没办法全身心投入某件事情。

心理学家通过研究发现,无法专注做一件事,总是在考虑几件事情,是产生忧虑和焦躁情绪的重要原因之一。有人可能会说自己每天要处理的事情非常多,只能通过这种方法来提高效率。

实际上,无论一个人有多忙,事情也是一件一件完成的。一次只专注于一件事情,即使有再多的事情等着我们,也不要产生忧虑、焦躁的情绪。

我们在同时面对几件事情时,经常会产生忧虑、焦躁的情绪，这是因为我们错误地认为所有事情都急待我们解决，即使再多出两个"我"来帮忙，也无法同时全部做完，这时，我们心中就会产生受挫感，从而形成忧虑和焦躁的情绪。

我们经常提到的压力，大多也是这么产生的。因此，想要减轻自己的压力，首先要做的就是每次只做一件事情，并且专注地去做，完成之后再做下一件事情。

当一个人专注于某件事情时，就会进入一种"心流"状态，这种状态会让我们产生兴奋感和充实感。而且，完成一件事情之后还会产生成就感，我们会感觉到自己的强大。

专注做某件事情还能让我们的心灵得到磨炼，因为我们做的所有事情都是与自身惰性的较量。如果我们不能专注做这件事情，采取敷衍了事的态度，那在这场较量中，惰性就占据了上峰，也就代表着我们没有能力控制自己，至少在专注这方面是不行的。

对每件事情都能够专注，这本身就是一种力量，一种能够战胜懒惰、战胜自己的力量。这种力量随着我们专注完成的事情的增加而得到增强，最后塑造出一个强大的自我。从一件件小事中获得的掌控力，最终将使我们能够掌控自己的人生。

一次次全身心的投入、倾尽全力去做，就像是在我们人生的画卷上一笔笔地勾勒，每一笔都能够画出无限的惊喜和快乐。当这种惊喜和快乐贯穿我们的人生，我们就会感受到一种前所未有的自信，我们相信，一幅光彩绚丽的人生画卷未来必将在我们的勾勒下成型，我们期望的人生也会随之到来。

☞ 如何利用场域的力量

越是愿意帮助他人的人，就越能够从他人那里受益。

一个人可以使用的力量除了自己的，还有场域的。那么什么是场域呢？当我们和他人产生联系，形成一种诚实合作的关系，我们和他人之间就形成了一种场域。我们帮助他人的范围越大，我们具有的场域也就越大，与之相对应的是我们具有的场域力量也就不断增强，最后我们的受益也会不断增加。

"经营之神"王永庆

王永庆是著名的台湾商人，在商界名声极大，他非常善于经营企业，被誉为"经营之神"。

王永庆出生在台湾台北县的一个贫寒家庭。15岁时，受家庭环境所迫，读完小学的王永庆放弃读书，前往一家茶园当杂工，没过多久，王永庆离开了茶园，到一家米铺做了学徒。在米铺当了一年学徒之后，王永庆便拿着父亲借来的200元钱，自己开了一家小米铺，从此走上的经商的道路。

王永庆的米铺开在嘉义县，当时的嘉义县大大小小的米铺一共有三十多家，因此，在米铺刚开张时，生意惨淡，王永庆对此十分困惑。他跑到其他米铺了解他们的经营情况，然后结合嘉义县的环境，寻找解决的方法。

最终王永庆找到了走出困境的方法，即从顾客的角度去考虑，一切为了顾客。

首先，王永庆从米的质量入手，决心为顾客提供质量上乘的大米。为了实现这一目标，王永庆特立独行，吩咐员工每次有新米到时，都要将其中的石子等杂物挑出来，然后再卖给顾客。

其次，王永庆为了方便百姓买米，决定提供送米上门的服务，而且王永庆让员工了解顾客家中用米的情况，估算出下次顾客要买米的时间，当时间快到了，就主动将米送上门去。

最后，王永庆每次给顾客送米的时候，都会将顾客米缸中的旧米先倒出来，把米缸洗净，将新米倒入米缸中，然后再将旧米倒入米缸。这么做虽然麻烦，但是顾客却因此能够先吃旧米再吃新米，以免使旧米因时间太长而变质。

对于那些家中贫困，没有钱买米的顾客，王永庆主动赊米给他们，让他们有了钱再付。

王永庆一切为顾客考虑的方法很快就产生了效果，没过多久米铺的生意就好转了，最后几乎嘉义县所有百姓都从他这里买米。

几年之后，随着王永庆米铺的生意越来越好，他成立了自己的碾米厂。之后王永庆的生意不断扩张，逐渐转向工业，最后成为了"塑料大王"。虽然规模扩大了，行业也改变了，但是他的服务于顾客、造福于百姓的宗旨却从没有变，这也是他成功的重要原因。

2002年，已经85岁高龄的王永庆宣布退休，但是依然是集团的董事长，继续带领集团稳步前行。

王永庆曾对子女们说："如果我们透视财富的本质，它终究只是上天托付我们做妥善管理和支配之用，没有人可以真正拥有……人生最大的意义和价值所在，乃是借由一己力量的发挥，能够对于社会做出实质贡献，为人群创造更为美好的发展前景，同时唯有建立这样的观念和人生目标，才能在漫长的一生中持续不断地自我期许、勉励，永不懈怠，并且凭此缔造若干贡献与成就，而不虚此生。"

我们从王永庆的身上就能够发现场域的力量。他一心要和顾客、百姓甚至社会融合，靠着这种心态，王永庆让自己的场域变得无比巨大，在帮助场域中的其他人的同时，自己也受益于场域中他人的力量，因此才获得了巨大的成就，被称作"经营之神"。

☞ **人生的四个阶段**（见图4-4）

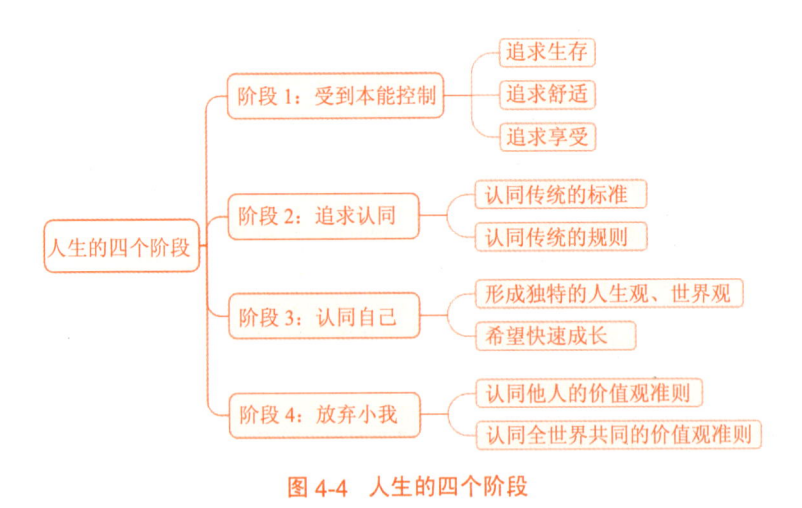

人生的四个阶段
- 阶段1：受到本能控制
  - 追求生存
  - 追求舒适
  - 追求享受
- 阶段2：追求认同
  - 认同传统的标准
  - 认同传统的规则
- 阶段3：认同自己
  - 形成独特的人生观、世界观
  - 希望快速成长
- 阶段4：放弃小我
  - 认同他人的价值观准则
  - 认同全世界共同的价值观准则

图4-4 人生的四个阶段

米哈里·契克森米哈是美国著名的心理学家，被称作"心流之父"。在他看来，人生可以划分为以下几个阶段。

阶段1：这个阶段的人会受到本能的控制，思考的主要问题是生存，希望满足自己的生存和安全需求，因此，此时人生的意义就在于追求生存、舒适和享受。

阶段2：当人的生存和安全需求得到满足之后，就开始追求认同，认同那些传统的标准和规则。

阶段3：随着心智的成长，人会从认同别人转向认同自己，不再盲目地认同那些传统的标准和准则，而是形成自己独特的善恶是非观念，这时候人生的追求就变为快速地成长、挖掘自己的潜能。

阶段4：经历过前三个阶段之后，第四阶段自然到来。这个阶段，人将放弃小我，转而再次去认同他人以及全世界共同的价值观准则。

米哈里·契克森米哈对人生阶段的划分并不是他个人的看法，而是众多心理学家共同认可的。在实际生活中，一个人所处的阶段和他的年龄并没有太大关系，有的人一生都没有走出第一阶段，有的人达到第二阶段之后就已经满足，之后便止步不前。能够达到第三、第四阶段的人非常少，但是想要拥有一个有意义并且圆满的人生，这四个阶段必须全部都走完。

这一次，你可以选择强大

《达拉斯买家俱乐部》

我非常喜欢一部美国电影，名字叫作《达拉斯买家俱乐部》。

这部电影讲的是一个生活放荡不羁的坏小子，突然有一天被告知得了艾滋病，只有30天的生命，但是通过努力，他最终多活了7年的故事。

在电影中，主人公因为身体不适去医院检查，医生告诉他，他得了艾滋病，而且只能活30天。主人公听到这个消息，扔掉了所有的检测报告，大声对医生说："让我告诉你一个新闻，没有什么东西能在30天里拿走罗恩·伍德罗夫（主人公的名字）的性命！"

面对突然到来的不幸，主人公并没有怨天尤人，而是勇敢地和苦难做斗争，最终为自己多争取了7年的生命，我们也需要这样的态度。

☞ 苦难只是人生的常态

每个人的人生道路上都有苦难，面对这些苦难时，有的人会认为它是不应该出现的，认为它就是自己不幸的证据，然后怨天尤人地抱怨说："为什么我总是这么不幸，而其他人却过得那么幸福，这实在太不公平了。"

对苦难抱怨的人其实是没有认识到一个真相：苦难是每个人都无法避免的。

苦难就是人生的一部分，每个人都和你一样，都会遇到无数苦难，而你并没有注意他们所遭遇的苦难，只注意到他们所获得的成功。

那么，面对人生的苦难，我们是选择不停地抱怨，然后陷入痛苦和愤怒的情绪中，还是选择坦然接受苦难，对苦难进行反击？

问题不会自己消失

面对问题，很多人会选择逃避，期待问题自己消失。

当遇到问题时，有的人开始会积极去解决，但是如果问题在短时间内无法解决，这些人就会产生烦躁、焦虑的情绪，之后就选择逃避。更糟糕的是，他们选择逃避以后，将希望寄托在问题自行消失上。但是绝大多数问题出现之后，是不可能自己消失的。所以，抱着这种不切实际的希望，只会让自己更加绝望。

还有一部分人在选择逃避问题后，为了安慰自己，会给自己找一个逃避的理由。比如：这个问题和我没有太大关系，我没必要去解决；这个问题是别人造成的，我是无辜受害者，所以其他人应该为这个问题负责，总之，问题不需要也不应该由自己解决。

我们在自己不想或者无法解决问题时，会想要获得他人的帮助，让他人来帮忙解决问题，如果他人没有帮助我们解决问题，我们就会产生强烈的不满情绪，这是需要我们特别警惕的事情。

解决问题的能力会促进我们的心智成长

每个事物存在都有其必要性，问题也是一样。问题需要我们去解决，而解决问题能够让我们的心智得到成长。

我们遇见问题，解决问题，之后还会遇到新问题，然后继续解决，人生其实就是在不断解决问题中度过的，这也是人生的意义所在。只要我们的生命还在继续，就无法逃避问题，这是自然规律，没有人能够抗拒。

为什么人的心智会随着年龄和阅历的增长而变得更加成熟？就是因为我们在不断地解决各种问题。

最简单的例子就是在上学时，如果我们想要获得好成绩，就必须做大量的习题，这就是在解决问题，我们的能力和智力也会在解决问题的过程中不断得到成长。

人生也是如此，我们想获得成功，取得成就，就要不断练习，不断解决问题。所以，真正聪明的人绝不会逃避问题，他们会想尽办法去解决问题。如果问题确实超出了他们的能力范围，他们就会选择坦然接受，不会怨声载道，每天被负面情绪所包围。

约瑟夫·坎贝尔是美国著名的神话学大师，他的成名作《千面英雄》中有这么一段话："无论是哪个时代、哪个国家都有各式各样的英雄神话故事。虽然这些故事的背景和人物各不相同，但是他们都有着相同的模式，英雄受到某种指引远离家乡，去实现自己的理想，在这个过程中他们会不断遇到各种妖魔鬼怪，经过磨炼他们会变得非常强大，最终荣耀回乡。"

这些神话故事体现的是人类的深层次梦想，这个梦想就是希望成为英雄的深层次需求，也就是挑战自我、踏上征途、战胜阻碍自己的邪恶力量。

而这个过程可以分为下面几个步骤（见图 4-5）。

第一步：英雄首先会受到某种召唤。对于我们来说，召唤我们的就是使命感或者是内心的动机，面对召唤，我们可以选择遵循召唤，踏上征途，也可以选择忽视召唤，继续过自己固有的生活。

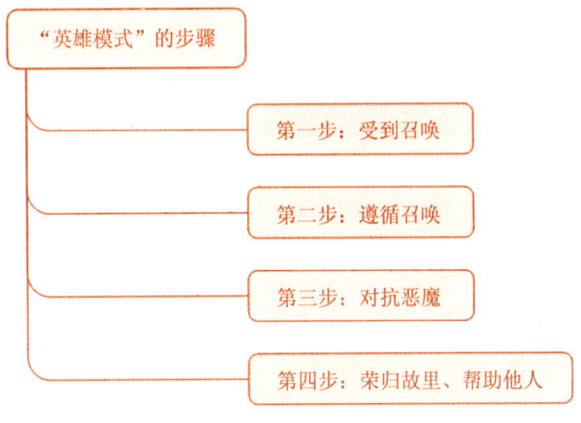

```
"英雄模式"的步骤
├── 第一步：受到召唤
├── 第二步：遵循召唤
├── 第三步：对抗恶魔
└── 第四步：荣归故里、帮助他人
```

图 4-5 "英雄模式"的步骤

第二步：如果我们遵循召唤，踏上征途，就会受到现有能力的限制。为了突破这种限制，我们只能选择走出自己的舒适区，进入一个陌生的领域。

第三步：我们在进入一个陌生领域之后，必然会和阻碍我们的魔鬼相遇，只有战胜它们，我们才能够继续前进。这里的魔鬼就是阻碍我们成长的事物。这些事物看上去是在阻碍我们前行，其实它们是在帮助我们。因为只有在和这些事物斗争的过程中，我们身上的潜能才能被激发出来，我们才能获得进步。我们可以将这看成是一种技巧，也可以将其看成是一种资源。

第四步：当我们打败魔鬼，就等于突破了自己能力的上限，同时完成了自己的使命或者任务。这时英雄就彻底改变了自己，然后荣归故里，用自己在冒险途中学习到的经验和知识来帮助周围的人。

无论是东方神话还是西方传说，英雄的故事总是脱离不了这个模式。

《西游记》中的唐僧为了取得真经，离开了东土大唐，在经过九九八十一难，打败无数妖怪之后，终于见到了如来佛祖，取得真经，返回了大唐。

释迦牟尼为了修行，独自离开自己的家乡，最终在菩提树下禅定四十九日，修成正果。

无论英雄的主人公代表了什么样的文化背景，他们都拥有这样一个成功的模式。

神话代表着人类深层次的梦想，因此，一个人想要拥有梦想中的生活，就必须经历"英雄模式"。

当然，这里并不是要求大家像英雄一样去冒险，独自面对邪恶的势力。对于我们普通人来说，属于我们的"英雄模式"就是规划好自己的生活，面对麻烦和问题，选择正面应对，这样我们可以变得更强大。

锻炼吃苦的能力

没有鱼鳔的鲨鱼

有一个年轻人，他出生的家庭非常贫困，他没有读多少书。成年之后，他厌倦了家乡一成不变的生活，想要去城市看看，希望能够找到一份工作，好在城市中立足。

可是，当这个年轻人到了城市才发现，原来城市里的大部分工作都要求学历,而他受的教育水平远远达不到这些工作的要求。对此,他非常失望,决定离开这座城市。但正当他准备离开时,突然想起这个城市有一位非常有名的银行家,于是他决定给这位银行家写一封信。在信中,他告诉银行家自己的生活是多么糟糕,上天总是给他安排各种各样的苦难,现在他想要改变,如果银行家能资助他一些钱,他就能接受更好的教育,以便找到一份好工作,在这座城市中安定下来。

将信寄出去之后,年轻人便在旅馆中等待银行家的回信。几天过去了,他没有收到银行家的回信,钱也用完了,他只好收拾行李,准备离开。正当他收拾行李时,旅馆的老板找到他,递给他一封信,这正是银行家的回信。年轻人非常高兴,他迫切想知道银行家会对他的遭遇以及要求说什么。

银行家在信中并没有对他的遭遇表示同情,而是给他讲了一个故事:"在海洋之中生活着无数种鱼类,几乎所有的鱼都有鱼鳔,但是鲨鱼却是一个例外。对于一般的鱼来说,如果没有了鱼鳔,是不可能在海洋中生存下去的,因为没有鱼鳔它们就无法自由控制自己浮在水中,很有可能会沉到海底去。"

"这对于鲨鱼同样是一个非常麻烦的问题,为了让自己存活下去,不沉入海底,鲨鱼只好不停地游,以保持自己能够浮在水中。经过数代进化,鲨鱼因为一直保持游动而锻炼出了强健的身体,成为海洋中最凶猛的鱼类之一。"

最后银行家写道:"我们所在的这个城市其实就是一个海洋,居住在这个城市的人大部分都有文凭,但是成功的人却寥寥无几,此时的你就是一条生活在这个海洋中，却没有鱼鳔的鱼，是任凭自己坠入海底，还是让自己成为凶猛的鲨鱼，由你自己来决定。"

年轻人看完银行家的回信后，思考了很久，然后做出了决定。第二天，年轻人对旅馆老板说："我愿意给你免费干活，做饭、当服务生都可以，只要你能给我提供吃和住就行。"旅馆老板确定他不是在开玩笑或者有其他企图之后，马上答应了，就这样，年轻人留在了这座城市。

若干年后，这位年轻人拥有了让绝大多数人羡慕的财富，还娶了当年回信给他的那位银行家的女儿，这个年轻人就是石油大王哈默。

鲨鱼和其他鱼类相比，因为没有鱼鳔原本处于劣势地位，但是它却通过自己持续不断的努力，成为海洋中最凶猛的鱼类之一。哈特就像是鲨鱼，和其他人相比，因为没有接受过良好的教育而被人忽视，但是他却能够通过自己的努力，最终创造出惊人的财富。

每个人的人生都充满了不确定性，上天不会给一个人确定的人生，所以，也就没有什么样的人，就应该过什么样的生活这种说法。很多时候，我们前进的最大障碍不是苦难，而是幸福。

新东方创始人俞敏洪在《锻炼吃苦的能力》一文中谈道："我曾经对身边成功的朋友做过调查，结果发现一个很有意思的现象：这些朋友中75%的人来自农村。在中国，大学生中农村孩子的比例要比城市孩子小得多，但成功率却比城市孩子要高。为什么农村孩子进入社会后反而更容易获得成功呢？我发现其中一个原因就是农村孩子特别能吃苦，尤其是来自贫困地区的孩子。另外，农村孩子做事有耐力，这大概与做农活的经历有关，做农活需要人持续不断地做下去，因为要和老天抢时间。记得我小时候，每遇农忙时就常常累得睡在田埂上，醒来了继续干，就是为了和老天抢那几天时间，因为那几天如果抢不下来，庄稼将来就长不好。所以，在农村长大的孩子有吃苦精神，有耐力，最后只要加上目标，就很容易成功。

"当然，我不是说城市的孩子就不容易成功。我只是说在同等条件下，吃过苦的孩子成功率要高一些。但现在农村的孩子已经与以前大不相同了，吃苦精神和耐力都大不如前，因为现在的孩子大多是独生子，有时候被父母惯坏了。中国的很多父母不太知道如何培养孩子，很容易把孩子宠坏。但社会是无情的，你在家里被父母宠并不意味着你走入社会还会被其他人宠。在这个世界上，只有父母会无条件地爱你、宠你、照顾你。一旦走入社会，就没人再把你当孩子看，你一切都得靠自己。

"所以，我们在大学时就必须有意识地锻炼自己吃苦的能力。有时候，你做的一件小事就能改变你对整个世界的看法。现在，交通工具如此发达，你飞到中国任何一个地方只需两三个小时。但是，坐飞机飞越 2000 公里对你来说一点意义都没有。相反，如果你一个人徒步旅行 300 公里，那就会有意想不到的收获。在这 300 公里的路程里，你不骑自行车，不搭拖拉机，不搭汽车，一切交通工具都不用，而且尽可能走乡间小道。你每天不需要走太远的距离，只要走20公里就行，那么15天下来，你会发现自己的人生观可能会彻底改变。这一段路会让你知道什么叫艰苦，让你知道艰苦中隐含着很多乐趣，让你知道世界上有很多与你不同的人，让你知道大自然是多么可爱，让你知道风雨中的寒冷是什么滋味，让你知道中国的农村和山区有多么贫困。一路走下来，你所收获的将远远大于你的想象。"

吃苦精神和耐力是每一个成功之人的必备素质。相较于舒适的环境，艰苦的环境对人的好处要大得多。科学家在这方面做过无数实验。我曾看过一份报道，说科学家把小白鼠放在两种环境里做实验：第一种环境很舒适，小白鼠天天吃饱喝足了就睡；第二种环境则相对艰苦，小白鼠吃不饱，而且吃的都是各种粗粮。最后的结果显示：那些吃粗粮而且食不果腹的小白鼠身体极其健康，因为他们为了寻找食物四处乱跑，加强了锻炼；另外一组养尊处优的小白鼠则越吃越胖，最后不是得了心脏病就是得了高血压。比照这个实验想想我们人类，道理也是一样的：置身于相对艰苦的环境，我们也许会在短时间内吃点苦头，但长远来看，我们所收获的一定远远大于我们失去的。

☞ **坎坷才是人间正道**

孟子曾说：生于忧患，死于安乐。中国人还有句古话叫作：人间正道是沧桑。

在一座山上有一座小庙，这座庙非常小，里面只有一个老和尚和几个小和尚。在小和尚中，有一个小和尚非常聪明，老和尚非常喜欢他。

寺庙经常需要到山下的集市买日用品，老和尚把这件事情交给了聪明的小和尚，同时，这个小和尚还要负责做饭、挑水等工作。因此，每天这个小和尚在天还没有亮的时候就要起床，先挑水为大家做早饭，再收拾饭堂、做早课、诵读佛经，需要买东西的时候就跑下山将东西买回来。

虽然小和尚每天都过得忙碌且辛苦，但是他并没有怨言，觉得这样的生活非常充实，认为老和尚信任自己，才让自己负责这么多事情，所以，他做什么事情都非常认真，老和尚和其他小和尚都对他非常满意。

有时需要买的东西比较多，小和尚自己拿不了，老和尚就会安排其他小和尚跟他一起下山。不过老和尚总是安排其他小和尚去比较近并且道路比较好走的地方买东西，而安排他去比较远、道路崎岖的地方买。时间一长，任劳任怨的小和尚也有了一些想法，于是他找到老和尚，问他："师父，为什么您总是让我做更多的工作，读更多的经书，而其他小和尚比我轻松得多呢？"老和尚听了小和尚的话，并没有说话，只是让他第二天从山下买东西回来，在山门那里等着。

第二天，聪明的小和尚从山下买了两袋米，吃力地背回了山门，然后就坐在门口等师父，过了好一会儿，老和尚还没有来。去山下买东西的其他小和尚也回来了，这时老和尚突然从山门里走了出来，问才回来的几个小和尚："你们一早就去山下买东西，今天天气这么好，你们也没有背什么重物，怎么现在才回来？"

小和尚们看到老和尚问这个问题有些摸不着头脑，因为平时他们都是这样的。但是既然老和尚问了，一个小和尚就上前回答说："师父，正是因为今天的天气好，我们走的路非常平坦，同时也没有太多东西要拿，所以一路上我们多逛了一会儿，没想到一下浪费了这么多时间，回来晚了。"

老和尚听了并未说什么，似乎早就知道了原因，就让几个小和尚回庙里。他转过头来对聪明的小和尚说："你去的集市比他们的远，买的东西比他们的多，走的路也比他们崎岖，但是每次你都比他们回来早，这是为什么呢？"

聪明的小和尚想了想说："因为我知道自己要走的路比较远，需要买的东西也比较多，所以每次我外出时都一心想着尽快按师父的要求将东西买好，然后赶紧返回寺庙，心中再也没有其他的想法了。"

老和尚听了对聪明的小和尚说："这就对了，如果我让你去做容易的事情，走平坦的道路，你的心思就不会全放在自己的目标上了，难走的路才能够锻炼一个人的心志啊。"

聪明的小和尚恍然大悟，理解了师父的一片苦心。

一个人身处逆境，他的心志就会得到磨炼，而一个人如果总是处于顺境，生活得非常安逸，那这个人就会逐渐变得懒惰，没有了上进心。

人的一生既不会事事顺利，也不会事事不顺。波涛与平静共存、大路与小路交替，偶尔也会有没有路、失去航向的时候，这是对我们的磨炼，会让我们变得更加坚强。这时只要咬牙坚持下去，我们就一定能等来平静与大路。

要相信：你在等坦途，坦途也在等你。

☞ **所有的痛苦都会过去**

所罗门王是以色列历史上非常有名的国王，一天晚上，所罗门王做了一个梦。在梦中，一位智者告诉了他一句至理名言，这句话能够让人在无比辉煌的时候不骄傲，在人生低谷的时候不放弃，始终保持乐观向上的态度。

然而当所罗门国王醒来后却忘记了智者听说的话，于是所罗门王将所有的大臣召集在一起，将自己的梦说了出来，要求他们想出这句话是什么，并为自己做一枚戒指，将那句至理名言刻在戒指上，时刻提醒自己。

几天之后，大臣们按照所罗门王的要求，打造了一枚戒指，戒指上写着那句让人可以胜不骄、败不馁的至理名言："这也会过去！"

在巴西，足球是一种文化，所有人都会踢足球，巴西足球队也是世界传统强队。1998年法国世界杯，当时巴西的球迷都非常看好巴西队，认为拿到冠军是十拿九稳的事情。但是意外却发生了，在决赛中，法国队以3：0的成绩大胜巴西，荣登冠军宝座。

在决赛中惨败的巴西足球队的队员们，原本以为回国后会受到球迷的辱骂、围攻，但是当他们返回巴西时，迎接他们的却是巴西总统和两万名忠实的球迷，而在人群中有一条非常大的横幅，上面写着"这也会过去"。

当球员们看到这句话,很多人掩面哭泣,也正是这句话,让巴西队重整旗鼓,准备全力迎战下一届世界杯。

4年之后的世界杯决赛,当巴西以2∶0击败德国队,捧着冠军奖杯回国时,迎接他们的队伍中依然有这样一条横幅"这也会过去"。

是啊,无论什么事情,都会过去。

当我们取得辉煌成绩的时候,不要为此沾沾自喜,应该默默地对自己说一句"这也会过去"。因为现在的成绩终究会成为过去,未来的道路还很长,还需要我们继续努力奋斗,如果沉醉于过去的荣誉,最终迎来的只会是失败。

当我们跌入人生低谷感到非常痛苦的时候,也请默默地对自己说一句"这也会过去",当你真正理解这句话,就会明白人生本来就是困难重重的,挫折是我们成功路上的垫脚石,只有经历过风雨,才能看见美丽的彩虹。

也许现在你身居高位,手里拥有巨大的权利,但"这也会过去",可能直到失去权力之后,你才会明白权力是这个职位的,并不是你的,别人服从你也只是服从职位赋予你的权力,而不是服从你这个人。

也许你现在身价上亿,但是这又如何?"这也会过去"。中国有两句古语:"钱财是身外之物,生不带来死不带走。""纵有千年铁门槛,终须一个土馒头。"人生短短数十载,名利再多又有什么用,生活中还有很多乐趣,不要为了名利而忽略了这些乐趣。

世界上没有永远的成功者，也没有永远的失败者，因为现在的成功或者失败，"这也会过去"，所以，我们要学会珍惜现在所拥有的，而在失去时也能要坦然面对。

建立稳定且成长的自我，重新控制自己的人生

☞ 我们想要控制别人，是因为控制不了自己

你有没有想控制别人的时候？希望别人完全按照我们的心意去做事？通常，我们无法控制地位比我们高的人，比如上司，我们也没办法控制和我们不亲密的人，比如同事，就算我们想要控制，别人也不会听我们的。这时，我们就会像章鱼那样，把触角伸向和我们最亲近的人。

比如说我们的恋人，比如说我们的孩子。

很多父母都在扮演这样一种控制者的角色。因为无法控制自己的人生，所以她们转而控制孩子的人生。她们控制的手段常常是集权加诉苦，她们常常说的话是："我曾经也梦想如何如何，但是为了你，我怎样怎样放弃自己的理想。"

在这样的父母眼中，子女需要对他们的人生和情绪负责。

但是他们从未思考过，为什么他们想要控制子女。在人与人的关系中，控制无处不在。

控制他人的本质是：我没办法控制自己的人生，所以我需要转向外界，借助别人的力量来获得控制感。

当你想要控制子女或者恋人的时候，你是否想过，为什么你要这样做？

☞ 当我们无法界定自己的价值时，就会转向外界

当然有原因。原因是，当我们无法控制自己的人生，对自己的价值感产生疑惑，没办法界定自己的价值时，就只能从外界寻求肯定。

我们向外寻求肯定的途径，就是通过控制他人，来重新获得价值感。这种行为背后的逻辑是：我无法控制自己的人生，但是这不是我的错，都是外界使我感到这么痛苦，是你使我产生了负面情绪，我无法消除这种情绪，那么就需要你做出改变，我才能变好！

很多时候，我们没办法给予自己价值感和肯定，就向外界寻求肯定，如果外界给予我们的肯定不够，我们就可以理所当然地，把自己情绪不好归因为外界不够好。

我们试图控制他人，其实是因为我们自己的信心不够，你不信任自己，所以你才需要别人给你支持和信心。

当我们不再为了证明自己是可信赖的人，而希望他人能将所有秘密都告诉我们时，他人对我们隐藏秘密，我们就不会感到伤心；当我们不再为了感受到自己的价值，而希望他人赞赏我们时，即使他人对我们的成功没有赞赏，我们也不会感到沮丧；当我们不再为了体现自己做好事的意义，而希望他人对自己说谢谢时，即使我们帮助了他人没有得到感谢，我们也不会因此而愤愤不平。

这些都需要我们拥有稳定的自我价值感。当我们正确地认识到自己的价值，明白他人的态度是无法影响我们的自我价值时，

我们的价值就是客观存在的，不再需要赞美和夸奖来肯定。

心理学家 David Schnarch 这样评价控制行为：人们控制他人，是因为自我太过脆弱且不稳定，其根源是无法控制自己的人生。一个人只有拥有了稳定且成长的自我，才能很好地控制自己的人生，才不会试图控制他人。

自我的虚弱让我们想要控制他人，那些自我稳定的人，他们会将注意力更多地放在自己身上，而不是放在他人身上，希望控制他人。那些希望控制他人的人，绝大多数都有一个虚弱的自我。

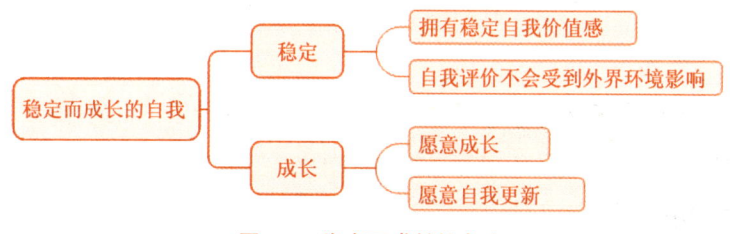

☞ **稳定而成长的自我**

稳定而成长的自我包含两个要素：第一，稳定；第二，成长性（如图 4-6）。

图 4-6　稳定而成长的自我

稳定的含义是，一个人拥有稳定的自我价值感，不会因为外界的影响而改变。它的逻辑在于：你怎么看我没关系，我知道自己是什么样的人。

拥有稳定自我价值感的人，对自己的评价不会建立在任何外界的人和物的基础上。比如说，他不会以自己穿着的好坏、拥有事业的大小和钱财的多少来评定自己，也不会因为别人对他的拒绝而否认自己的价值。

第二个要素是成长，成长的核心在于"我想要成长""我愿意自我更新"，看起来成长和稳定有点矛盾，其实二者相辅相成、缺一不可。稳定指的是不受外界的影响，成长则是内在自我的更新，自我成长的人，不会用条条框框限制自己。

金庸小说中的老顽童，就是一个很典型的、拥有稳定且成长的自我的人，他不会因为外界对他的看法而改变对自己的认知，同时对于身份、地位、武功远不如他的人，他也不会看轻他们，年纪一大把了，还在不断探索新武学。从心境上来说，他也确实担得起老顽童的称号：一个童，代表了他的天真与成长。

成长的含义是，我们不会自己限制自己，自己固化自己。什么是固化？比方说，我们每个人生下来，都有先天性别，也会有先天性格。

如果你身为男性，你肯定对"男儿有泪不轻弹"深有感触，即使自己很痛苦，也要忍着不表现出来，至少不以流眼泪的方式表现出来。

如果你是女性，你肯定对"不要总是大大咧咧""不要冒太大的风险"深有感触，即使你性格很开朗，但是有些时候女性和男性就是不一样。

那么，这种区别是先天的，还是后天我们不断强化和固化的？在小的时候，男性和女性的性格差异并不是那么明显，但是伴随着年龄的增长，性别不同带来的性格不同就越发突出，这自然有男女先天性别不同的原因，但也有我们固化、自我限制的原因。

这就是自我概念的固化。

这里我们不探讨性别带来的性格固化的好坏，只讨论成长和固化的区别。也许在性别的自我概念上固化没有坏处，但是在其他事情上，你也要固化自己吗？

"我就是做不好这个。"

"我运动不好。"

"我不适合做精细化的工作。"

"现在改行太晚了。"

"我不适合跑步。"

这些都是自我概念的固化，这些固化一方面使我们不愿意改变自己，另一方面也是对我们心灵的禁锢。

我们越是自我固化、自我限制，我们的失控感就越强，因为你真正在做的事情，都不是发自本心的。

获得稳定且成长的自我，意味着我们要对自己的价值有稳定的判断，绝不会受外界评价的影响；另外，我们对自己的认知不会固化和限制，我们可以在不同的环境下根据需求调整自己的表现。

想象一下，这是一种多么轻松、愉快的境界？

第五章

从意念到现实：
你的传奇，你自己书写

01 唤醒你的内在神灵：找到你的人生蜕变轨迹

找到它然后持续向前——确定你的人生目标

一个好的目标能够成为我们动力的源泉，能够支撑我们应对苦难和煎熬，让我们对人生有更深刻的理解。如果人生没有了目标，即使年龄再大，我们的心理也像个小孩子一样，因为我们没有方向、没有计划、不愿意承担选择的责任。

☞ **如何找到目标**

那么如何才能找到正确的目标呢？先问自己两个问题吧。

什么事情是你喜欢的？在做这件事情的时候，你能全身心地投入，并且完成之后产生成就感吗？

你的天赋、经历的事、受到的教育，让你拥有哪些不同于其他人的能力？

现在企业经常提到竞争力，其实人也一样。在设立目标时，首先要考虑自己的竞争力在哪里，然后再设定目标，这样才能起到事半功倍的效果。

这里的竞争力并不是指你有多聪明或者多努力，而是你的性格、知识、能力、经验所组成的组合和其他人比，是否独特且具有实际价值。如果答案是肯定的，那这就是你的竞争力所在，也是你独有的天赋，将你的天赋放到外界环境中综合考量所能完成的事情，就是你应该设为目标的事情。

☞ **目标需要行为的支持**

很多时候，我们虽然有了目标，但是和做其他事相比，我们投入的时间和精力却少之又少。比如我们常常会将努力工作挂在嘴边，但是上班的时候却总是喜欢和同事聊天；我们将努力学习作为目标，却经常在应该学习的时间玩游戏；我们常常告诉自己应该控制体重，却总是买一大堆零食放在手边。

那些我们设为目标，总是挂在嘴边，总是提醒自己的事情，没有得到我们太多的重视，反而是我们平时并不在意的事情，占用了我们大量的时间和精力，生活中这种情况比比皆是。

目标是很明确的，但是实际生活却不是如此，它是多变的。所以在确立目标后，我们经常会遇到这样那样的事情，很多事情是我们之前无法预料的，这些事情会对我们产生影响，占据我们的时间，分散我们的精力。如果我们不对这些事情提高警惕，没有合理规划自己的生活，就会在不知不觉中逐渐远离最初设定的目标。

因此，监督自己，保证自己现在的行为是对目标的支持，是很有必要的。也许我们需要对自己的行为进行反思，思考自己设立目标的初衷是什么，也许我们开始监督自己时却发现，自己早已偏离既定的路线，需要回到原点重新再来。但是只要这么做了，我们就会发现实现目标并没有想象的那么难，它只不过是一件又一件小事堆积起来的。

监督自己就需要经常问自己问题，如果我们的目标是事业有成，那我们就可以问自己：

我是否在工作上投入了足够的时间和精力？

我的行为是让我的事业不断前进还是后退？

和上个季度相比，现在的我是不是距离目标更近了一步？

如果和之前相比，我更加接近目标了，那是因为我做什么事情？

如果我们的目标是拥有一份甜蜜的爱情，那我们可以问自己：

在另一半眼中，我是否有明显的缺点？

如果有我是否努力去改正了？

我和另一半之间有矛盾吗？

如果有矛盾我是在努力想办法化解，还是待在原地什么都不做，期望矛盾自行解决？

保证自己始终都在向目标前进，其实并不困难。只要我们时刻监督自己的行为是否有助于目标实现，如果不是，就及时对行为做出调整，然后将那不利于目标实现的事情抛之脑后，目标就可以实现。

很多时候我们感觉实现目标非常难，其实并不是因为目标本身有多难，而是因为我们没有做应该做的事情，所以才会感觉距离目标越来越远。

☞ 目标的 4 个关键词

在确定目标的过程中，有 4 个关键词：具体、可衡量、可实现、有时限（见图 5-1）。

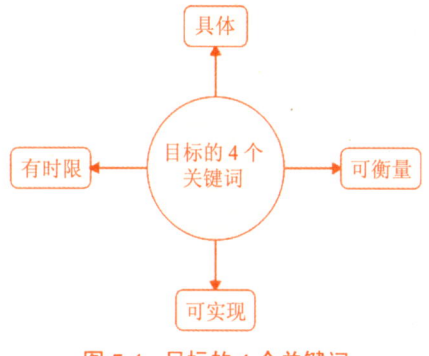

图 5-1　目标的 4 个关键词

具体：我们希望实现的目标，能够用一句话讲清楚吗？如果我们有不止一个目标，我们能够根据目标的重要性和时间性，对其进行排序吗？通过回答这两个问题，我们就可以大致判断出自己的目标是否具体。

可衡量：目标缺乏衡量标准，是很多人会犯的一个错误。比如有些人给自己设立的目标是"获得成功"，那么究竟怎么衡量是否成功呢？设定目标的人自己都不知道，这个目标就不具备可衡量性。判断一个目标是否具有可衡量性，就是我们要能说出做到什么程度才算是实现目标，给实现目标设定一个标准。

可实现：目标必然是和现状有一定距离的，但是我们必须要相信自己可以实现目标。如果我们不相信自己能实现目标，那么很可能会因此而丧失前进的动力：为什么我要向一个不可能实现的目标前进呢？所以，你所设立的目标必须是通过努力可以实现的，这点非常重要。如今有很多励志书籍，在鼓励人们设立不切实际的目标。对于少数人来说，树立一个不切实际的目标，也许能够起到激励和鞭策的作用，但是对于大多数人来说，一个不切实际的目标，只会不断消磨你的信心和动力，最终导致放弃。

有时限：我们要对达成目标做出具体的时间规划，督促自己在限定的时间内完成。这样可以有效提高做事效率，加快目标的实现。

因此，我们只要能够明确目标，将目标清晰化、简单化，问题就解决了一大半。

想要明确目标，那首先要了解目标，对于目标，我们应该了解以下内容。

目标和成功无法分割，关于目标的一切，都是围绕着成功展开的。一旦确定了一个正确的目标，目标就是我们的一切，我们所有的行动计划，也都是为了目标而制定。每个人都必须为自己的选择负责，目标同样是一种选择，所以我们也要为其负责。同时我们还需要明白一点，与如何实现目标相比，为什么选择这一目标更加重要，这也就是我们常说的"选择比努力更重要"。

目标是未来我们想要实现的一件事情，这就表明现状和目标之间有距离，它们之间的距离、也就是我们需要去解决的问题，因此，对于一个没有确立明确目标的人来说，就不存在什么问题，或者在他看来人生处处都是问题。

确定目标之后，我们还需要让目标更加明确、清晰，这时可以将自己从身体中抽离出来，以更高的角度来向自己提问。

问题可以分为两种，一种是基本问题，一种是探索问题（见表5-1、5-2）。

表 5-1　基本问题

基本问题	
问题 1	你在做某件事情时,你希望得到什么样的结果?
问题 2	这个结果能够给你带来什么好处?
问题 3	如果你不去做这件事情,会对你实现目标产生什么影响?
问题 4	未来你希望自己成为一个什么样的人?
问题 5	你怎么判断自己的目标是否实现?
问题 6	这个目标是你希望实现的,还是一定要实现的?
问题 7	为了实现这个目标,你愿意付出什么?
问题 8	你希望通过什么方法来实现自己的目标?
问题 9	除了你希望的方法,你觉得还有其他方法可以实现吗?
问题 10	如果有你不喜欢的方法可以实现目标,你会如何选择?
问题 11	你选择这个目标是为了自己还是为了他人?

表 5-2　探索问题

探索问题	
个人定位	我们是以什么身份在向目标前进?
	在实现目标的过程中,我们扮演了什么角色?
	我们所扮演的角色是自己想要的吗?
信念和价值观	我们有什么样的信念和价值观才会选择这个目标?
	在实现目标的过程中,哪些地方是最为关键的?又有哪些方式方法是我们不愿意采用的?
	我们固有的信念和价值观会对目标实现产生什么样的影响?
过去的经历	我们在追寻目标的过程中有过什么样的经历?
	过去成功或者失败的经验能够对我们实现目标起到什么样的帮助?
	过去的经历给我们带来什么样的优势或者劣势?
资源	我们手中有哪些资源可以帮助我们实现目标?
	我们增加或者减少手中的资源,能够对我们实现目标产生什么样的影响?
	我们在资源方面还需要做怎样的调整?

（表5-2续）

	探索问题
关键人物	有哪些关键人物是我们在实现目标时必须考虑的？
	我们实现目标的方式方法会让关键人物对我们产生什么样的态度？
	当目标实现之后，我们和关键人物的关系又会发生怎样的变化？

踩稳每个属于你的立足点——从现状中寻找机会和可能

☞ 关于现状的三个问题

当我们确定目标之后，还需要对现状进行分析和了解，从现状中寻找机会与可能。

很多人的目标是改变自己，那么想要改变自己，首先就要了解自己的现状，如果连自己的现状都不了解，那改变自己就无从谈起。

了解现状，我们可以通过以下三个问题来了解（见图5-2）：现状是什么？自己有什么？现在还缺少什么？

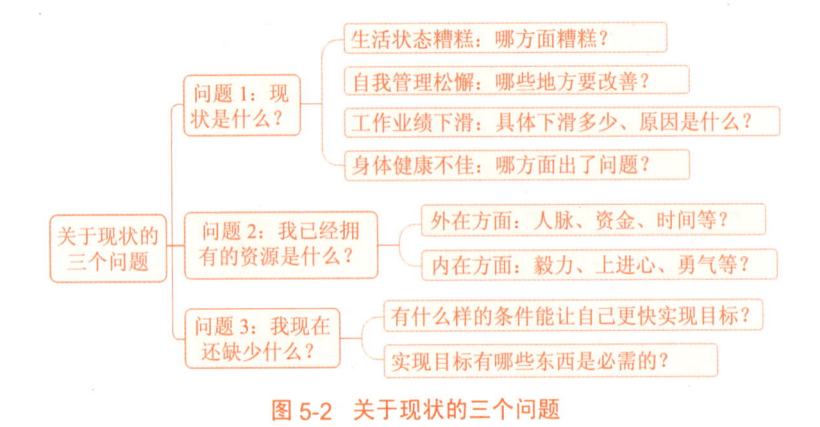

```
关于现状的       问题1：现          生活状态糟糕：哪方面糟糕？
三个问题         状是什么？        自我管理松懈：哪些地方要改善？
                                  工作业绩下滑：具体下滑多少、原因是什么？
                                  身体健康不佳：哪方面出了问题？

                问题2：我已拥      外在方面：人脉、资金、时间等？
                有的资源是什么？    内在方面：毅力、上进心、勇气等？

                问题3：我现在      有什么样的条件能让自己更快实现目标？
                还缺少什么？       实现目标有哪些东西是必需的？
```

图5-2 关于现状的三个问题

问题 1. 现状是什么？

很多人并不了解自己的现状，因为一个人的现状并没有衡量标准，也就是说现状是无法量化的。有时候我们所谓对现状的了解，也只是停留在表面，并不是真实情况。

比如："我现在的生活状态非常糟糕。""我对自己的管理太过松懈。""我的工作业绩出现下滑。""我的身体健康出现了问题。"

这些描述都只是对我们现状表面情况的叙述，并没有深入了解。如果仅仅将这些当成是我们的现状，那我们是无法改变自己的。

所以我们在了解现状时，应该关注更深层次的事实，从而找到真相。

对于"生活状态非常糟糕"，我们要问自己究竟生活哪一方面的状态糟糕？是什么导致了这种情况？

对于"对自己管理太过松懈"，我们要问自己是哪方面的管理太松懈？我们现在管理自己的方式有什么地方需要完善？

对于"工作业绩下滑"，我们要问自己工作业绩和之前相比下滑了多少？主要是什么原因影响了我们的工作业绩？

对于"身体健康出现了问题"，我们要问自己身体的哪个部位有问题？有什么症状？

问题 2. 我已经拥有的资源是什么？

当我们真正了解自己的现状之后，就可以开始改变自己的现状了，以便实现自己的最终目标。实现目标需要用到各种资源，我们在行动前首先要对资源进行整理。

我们可以问问自己：目前有哪些资源可以供我们使用，能够帮助我们实现目标？比如外在方面包括：人脉、资金、时间、环境等等；内在方面则是自己已经具备的能力，包括：毅力、信心、上进心、勇气等等。

问题3. 要实现目标，我现在还缺少什么？

实现目标的过程不会一帆风顺，我们会缺少这样或者那样的条件，现在我们就来列出我们所缺少的这些条件。比如：

"拥有什么样的条件就能够更快地实现自己的目标？"

"有哪些东西是实现目标所必需的？"

当我们了解自己的现状是什么，了解自己手中有什么，明白自己现在还缺少什么时，我们才算真正了解了自己的现状。明确这些是我们实现目标的基础，它们也会指引我们行动的方向。

此心不动，随机而动——迁善让你立于不败之地

☞ 心态和态度

要改变心态，先要了解到底什么是心态，这样才能够觉察自己和他人心态的差别，然后做出改变。在这里，我们还需要明白心态和态度的区别。

心态指的是思想状态和观点，是内在的，而态度则是指心态对外的表现，一个人的态度很多时候来源于他的心态，也可以说态度就是内在心态的外露。

不过这并不是绝对的，有时人的态度和心态会出现不同的情

况。比如一个父亲内在的心态，是喜欢和关心自己的孩子，但是外在的态度，却对孩子表现得非常严厉。所以，我们不能根据一个人的态度上去断定他的心态。

人们大都重视心态的变化，并且愿意投入大量时间和精力去培养和调整自己的心态，但是这种投入和收获常常不成正比。这就是因为他们没有真正了解什么是心态。

心态，简单说就是一个人的心理状态，但是它又分为多种层面，比如对自己的认同（信念和价值观）、心理情绪等等。而有些人将心理情绪当成心态的全部，显然是不全面的。

想要洞察自己和他人的心态，需要我们具备了解自己和他人的信念、价值观，以及感知自己和他人情绪的能力。

☞ 心态决定一切

面对同样的事情，不同的心态会导致不同的应对方法。

比如家长问刚学习乘法的孩子"2乘以3等于几"，孩子回答"等于8"，这时有的家长会非常生气，认为孩子没有认真学习。

而有的家长却有不同的看法，他们会告诉孩子："虽然你说的答案是错误的，但是离正确答案已经很近了，只要再努力一点儿，就能回答正确。"这类家长采取的是鼓励外加循循善诱的方法，以引导孩子找到正确答案。

面对孩子同样的错误答案，不同的家长采用了完全不同的态度，从而对孩子产生了不同的影响，这就是心态不同造成的。

小孩子打架是很常见的事情，有时候孩子打架输了，哭哭啼啼去找家长告状，有的家长会大声训斥孩子，认为孩子太过软弱，或者直接找对方的家长，为自己的孩子讨回"公道"。

但是有的家长遇见这种情况则是完全不同的做法。他们首先会询问孩子打架的原因，然后再问孩子："现在你准备怎么办？"如果孩子想下次找机会报仇，家长就会对孩子说："这是一种应对方法，但不是最好的应对方法，我们一起来探讨下，看能不能找到其他的方法来解决这件事情，当然，这件事情最后还是需要你自己做决定。"

我们人生中遇到的每一件事情，都是我们的选择，我们的心态也同样是自己选择的结果。大家都知道，人要为自己的选择负责，但是我们有为自己的心态负责吗？

有些时候，我们做什么样的选择并不是最重要的，最重要的是，我们要知道，我们必须要为自己的心态负责。

一次，我受邀去一家公司举办讲座，现场的气氛非常好，台下的听众都聚精会神地在听。但就在这时，听众席中突然传来了手机的铃声，而且是非常吵闹的一首歌曲，这位听众没有遵守会场的纪律，没有将手机静音或者关机，有电话打进来了。

在听到声音之后，我第一个反应就是暂停讲课，非常不满地看向手机的主人，心里在想："这个人实在太可恶，把我的思路都打断了。"手机的主人看到我的目光，显得十分尴尬，回应了一个充满歉意的微笑。

看到这个微笑，我突然有所感悟：因为手机的铃声，我的心态发生了巨大的变化，陷入了不满的情绪当中。但我听到的只是一个手机铃声而已，之后我又有些自责，为了这点小事让自己心态发生这么大的变化，实在太不应该了。

其实无论我的心态发生什么样的变化，不都是我自己的选择吗？同样的铃声如果出现在一个嘈杂的环境中，我的心态必然不会有所变化。

佛家有句名言：境由心生。我们所有的烦恼其实都来源于自己心态的选择。

谋势而后动——让所有人都畏惧你的行动

再伟大的目标、再清晰的规划，如果没有行动那也是枉然。行动，是我们蜕变计划的最后一步，也是最难的一步。

有很多想要改变自己、改变命运的人，明明做了非常好的计划，却都败在了行动这一步。

明明想做，但却做不到，明明想要行动，但却总是拖延。

关键在于，我们没有意识到"不行动"的坏处。也许你认为，不行动无非是停在原地，并没有什么实际的坏处。实际上，不行动的负面影响远大于我们的想象。

☞ 只有知行合一才能带来自尊

我们通常认为，自尊感是成就给我们带来的，从而忽略了行动的作用，认为行动只是为了成就而存在，但其实我们的自尊感并不是成就带来的，而是行动的过程带来的。正是行动与不行动的差异，构成了人与人之间的根本差异，致使有的人的人生充实饱满，而有的人生的人则空虚荒芜。

绝大多数人都有这样的经历，想要做一件事情，但是很长时间了,这件事情仍然只是一个想法,我们并没有去做。这种事情反映出一个很常见的现象:知和行没有合一,两者之间存在着一道巨大的鸿沟。

知和行之间的鸿沟很常见,同时也容易察觉,但是大部分人只是意识到鸿沟的存在,而并没有真正认识到鸿沟对我们的伤害。我们常常简单地认为,知行不一会给我们完成某件事情增加难度。

事实上,知行之间的鸿沟对我们造成的真正伤害,是对我们心理的伤害,它会让我们对自己的能力产生怀疑,不相信自己有足够的能力实现目标。

知行不一,只会降低你对自己的评价,消磨你的自尊感。

很多书上都写过一种增加信心的方法:每天早上起来对着镜子中的自己大喊"你是最棒的",我们的信心就会随之增加。这种方法确实是有效的,不过通过这种方式得到的信心就像一个充满气的气球,虽然信心满满,但是一旦遇到问题,很容易爆炸,建立起来的信心也会炸得四分五裂。即使没有问题,它也会随着时间的流逝而渐渐变小,最终消失殆尽。

真正可以经受住挫折、失败考验的自尊感和自信的来源,只能是来自于我们的行动。

我们做任何事情,都有一双眼睛在注视着我们,并对我们的行为做出评价。这双眼睛我们无法逃避,无法拒绝,因为这就是内在的眼睛——它来自于我们的内心,一刻不停地观察我们的行为,并对我们的行动做出评判。

如果我们将所有事情都只停留在想法阶段，而不采取行动，这双来自内心的眼睛就会对我们的能力产生质疑。如果只想不做变成了一种习惯，那么下一次无论再想做什么事情，这双眼睛都会自动为我们下判断：我们不具备完成这件事的能力。它给我们带来的伤害是一种温水煮青蛙式的伤害，只会使诸变得习惯性无助，最后自尊感越来越低，越来越无法付诸行动。

我们的自尊感来源于内心的评价，而不是其他任何东西。

我们认真回想过去就会发现，面对挑战我们做出什么样的选择，会对我们的自尊感产生影响，这种影响有可能是增加，也有可能是减少。

比如面对一次考试，我们通过自己的努力取得了优异的成绩，这会让我们感觉到自己的强大；再比如一项有难度的工作，我们明明可以通过充分准备完成它，却因为懈怠而失败了，这就会降低我们对自己的评价。

每个人都有这样的经历：使我们持续感到痛苦的，不是过去的困难，而是我们面对它时逃避的态度；使我们看不起自己的，不是我们百般努力却仍然失败的经历，而是我们明明可以努力，却空待奇迹降临的消极。

在我们放任知和行之间的鸿沟不断扩大时，我们都是在放任自己的自尊感被进一步损害。自尊感强能够让我们感觉到快乐，而自尊感弱则会让我们无比沮丧，总是无法开怀。

虽然评价一个人的方法有很多种，但是根据行动力的高低来区分，是最为简单的方式。

低行动力的人目光无神,表情疲惫,即使他们的身材魁梧,还是会给人一种做事拖沓、为人浮夸的感觉,而高行动力的人无论走到哪里,即使他们的身材矮小,都很容易引起别人的注意,因为他们总是目光有神,身上充满了动力和活力。

心理学家的研究表明,我们的自尊感并不是来源于我们完成一件事情的成就,而是来源于做这件事情的过程,也就是行动本身。因为成就是一种抽象的存在,只有在行动中,我们才能感受到自尊感的提升,产生能够经得起考验的自信。

而一次次的行动,就是这样提升着我们的自尊,增强着我们的自信。战士只有经历过上百次战争,才能锻造出下一次面对战场的坦然,水手只有经历过无数次风雨,才能洗练出再次面临风雨的坚定。

现在就开始行动,别让你的计划与目标停留在纸上谈兵。

02 人生真谛:爱出者爱返

喜欢是索取,而爱是付出

一定记住我爱你

2008年5月12日,四川汶川发生了震惊全世界的大地震。在地震发生之后,无数救援人员在第一时间赶赴灾区,参与救援工作。

就在地震第二天，5月13日的下午，在都江堰河边的一片民宅废墟上，数十名救援人员正在全力以赴地清理废墟，希望能够从下面寻找到幸存者。突然，当救援人员将一块石板掀开时，看到了一幅让震惊的场景：一个年轻的母亲趴在废墟的角落里，身下还有一个三四个月大的婴儿。

此时这位年轻的母亲早已没有了呼吸，很可能是在地震发生没多久就被垮塌下来的房子压死的。她保持的死亡姿势是世上最伟大的姿势：她双膝跪地，身体向前倾斜，双手努力地支撑着自己的身体，但是却因为砸在背后的石板而让整个姿势变了形。当救援人员将她身下的孩子取出来时，惊喜地发现婴儿居然还活着，看不出受到了什么伤害。就在医生打开裹在孩子身上的被子，想要为婴儿做进一步检查的时候，发现被子中还裹着一部手机。医生按下按键，手机屏幕亮了起了，屏幕上有一条没有发送的短信，这条短信也不需要发送，因为它就是写给孩子的："亲爱的宝贝，如果你能活着，一定要记住我爱你。"

看到这条短信之后，参与救援的一名女医生立刻就崩溃了，瘫坐在地上号啕大哭。她无法想象当地震发生之时，被深埋在废墟中的年轻母亲是怎么靠着自己的身体为孩子支撑起一片生存的空间，也不知道她面对即将到来的死亡，是怀着什么样的情绪去给孩子留下短信的。

爱是什么？相信每个人对爱都有不同的见解。但是看了上面的故事，我们心中都涌起一个想法：这就是爱。

爱是恒久忍耐，又有慈恩，爱是永无止息。

韩寒的电影《后会无期》带火了很多金句，其中最为脍炙人口的一句是："喜欢就会放肆，但是爱是克制。"

在我看来，当我们用喜欢或者不喜欢的态度面对这个世界时，我们想的是索取，索取我们喜欢的，索取世界变成我们喜欢的样子，但是爱不一样，爱是付出，爱是无论你怎么样，外界如何，我都愿意为之付出。

亚伯拉罕·林肯，美国第 16 任总统，在他的总统任期之内，他面临的问题，比之前历任总统都要严峻。他想要废除奴隶制度，却遭到非常多的人反对，以至于南方各州想要脱离联邦，如果处理不好，美利坚合众国将面临解体，最终林肯凭借自己的智慧和才能，击败了南方分裂势力，维护了国家的完整以及人人平等的权利，也因此，他被评为美国最伟大的总统。

1865 年 4 月 14 日，林肯被政敌刺杀，成为美国历史上第一位被刺身亡的总统。他的政敌想要通过这种方式，让他的政治理念破产，但是历史证明，这种方式不但没有让林肯的政治理念破产，反而让美国人民永远记住了他。

让人无比感慨的是，就在遇刺的当天下午，林肯签署了一份赦免令，挽救了一个因为擅离职守将被枪决的年轻士兵。

林肯说："我想这个士兵站在地上，要比我们将他埋在地下有用多了。"周围的人对于林肯赦免士兵的行为，并没有什么反应，因为他们已经习惯了，宽容是林肯的特点。

就在几天前，他还赦免了一个被俘虏的叛军囚犯，这一举动，让那个昔日的敌人变成了他的忠实支持者。

林肯用行为表达出了自己为人处世的态度——用宽容去化解矛盾，用宽容去消除敌意，用宽容去解决一切问题。在那个国家经历内战，四处都暗藏着不安和敌意的时代，林肯的这种品质显得更加难能可贵。

和林肯拥有一样胸襟的人非常少，因此，有很多人批评他对敌人的态度："为什么你要宽容这些人？为什么你要像朋友一样对待他们？他们是我们的敌人，打击他们、消灭他们才是正确的做法。"

林肯对此的回应是："我这么做一样是在消灭敌人。通过宽容的方式和敌人成为朋友之后，敌人不就自己消失了？而且我们还多了盟友。"

在林肯的政府高层中，有一个人曾严重酗酒，并且对此进行过治疗。记载这件事情的绝密档案无意间被林肯身边的一位工作人员发现了，不知道为什么，这位工作人员将档案给了林肯的政敌。

林肯的政敌得到这份档案之后，马上展开攻击，林肯的团队因此受到了重大打击，但是在他的大力维护下，这个曾经严重酗酒的高层最终被保住了。之后林肯的幕僚们开始查档案泄漏的事情，很快就查到了那位泄漏档案的工作人员，当即辞退了这个人。

在这个泄露秘密的工作人员准备离开白宫时，林肯召见了他，问了他一个问题："当你看到那份档案时，你有什么想法？"

那个工作人员告诉他："我在想如果我们国家的重要部门正在被一个严重酗酒的人把控，这实在是一件非常糟糕的事情。"

林肯听完之后微笑着说："我的父亲曾经也是个酗酒者，当时对我的打击非常大，所以我讨厌酗酒者。档案上记录着那个人以前确实是个酒鬼，但是他已经很多年没有喝过酒了，不然我是不会让他担任任何职务的。"

略微停顿了一下，林肯问他："你喜欢在这里工作吗？"

工作人员回答说："我非常喜欢，因为来这里工作是我从小的梦想。"

林肯说："那你现在可以重新加入白宫，给我们双方一个机会，让我们都更了解对方吧。"

这个工作人员泄漏信息只是单纯从国家角度考虑的，林肯对他选择了宽容。林肯就是通过宽容的方式，一次次让周围的人被他感染，愿意追随他。

付出爱的人，也会得到爱

女子出车祸变植物人 老父每天床边唱歌将其唤醒

来源：中国新闻网（北京）

据台湾《联合报》报道，"修道挫折多，贤是挫中求，考验难忍难受，莫问为什么。"9年前，台湾男子杨火炉天天在发生车祸的女儿杨雅淳耳边轻轻唱着，原已被医师宣告复原无望，但在75天后奇迹醒来。长达9年的复健期，女儿已经恢复六七成，杨火炉说，这是老天爷送给他最大的礼物。

杨火炉2016年当选鹿港镇模范父亲，回想9年前女儿出车祸，仍然难以忘怀。9年前杨雅淳骑摩托车上班，因与轿车发生严重车祸，脑出血，下颚骨、锁骨断裂，大腿骨粉碎性骨折。

当时医师宣告，"活下来就是植物人，一辈子不可能醒来"。"但我不愿意放弃"，杨火炉说，他以乐曲"久炼成钢"唤醒女儿，因全家人都吃素，女儿从小跟着吃素，此曲也是她的最爱，于是他天天在病床前唱歌，呼叫女儿的名字。

杨火炉说，他天天唱歌给女儿听，也担心女儿因昏迷身体没运动而萎缩，所以每天帮女儿按摩复健，期待女儿醒来。

女儿昏迷的第75天，当他唱着歌曲给女儿听时，女儿突然眼睛睁开，眨了一下，杨火炉说，"这是老天爷送给我最大的礼物"，更是"奇迹"。

34岁的杨雅淳说，醒来的每一天都充满感恩，父亲天天帮她复健，她痛到流泪但仍忍着痛，经过几年复健，双手、双脚没有因受伤萎缩，也能做简单的动作。但因语言能力受损，刚醒来时发音困难，现在虽能开口说话，也得慢慢说。

"这是上天的考验，面对就过去了"，杨火炉表示，他出身3级贫户，靠着半工半读完成学业，好不容易事业稳定，女儿发生重大意外，光是复健及医疗费，就花费超过1000万（新台币，下同），但能把女儿救回，很值得。

鹿港镇长黄振彦、东崎里长王明顺7月21日向杨火炉致贺，直说，"父爱精神很伟大，也很令人动容"。

这就是世界上最大的秘密：你付出什么，就得到什么。因果是真的存在的，世界上没有无缘无故的爱，也没有无缘无故的恨。

如果你相信，你付出，就一定会有收获。

爱出者爱返，是我非常喜欢的一句话，湖北四祖寺、玉泉寺方丈净慧禅师曾说：爱出者爱返，福往者福来。你去爱他人，他人也会用爱来回报你；你去帮助了他人，他人也会反过来帮助你。这也就是佛家所说的自利利他：你帮助了他人，利益了他人，才是真正的自利。

古时候有一个乞丐，每天都要出门乞讨。虽然这个乞丐运气不错，总能够讨得粮食，但是他并不想一直这样下去，他想过正常人的生活，所以每次讨得粮食之后，他都会将粮食存起来，希望有一天能存下足够的粮食，好让自己过上正常人的生活。可是乞丐存了很多年，他粮仓里的粮食却总不见多。乞丐感觉非常奇怪，他觉得自己这些年存的粮食早够将粮仓堆满了，所以他想弄清楚是怎么回事。

这天晚上，乞丐并没有像平时那样回去睡觉，而是悄悄地躲在粮仓的一角，监视着周围的动静。没过多久，他就看到一只身体肥硕的大老鼠来偷吃他存的粮食。乞丐非常气愤地冲出去，一把抓住大老鼠,对老鼠喊道:"城里的富人那么多,他们家家粮食都堆到屋顶,你这贼鼠不去偷他们,反而来偷我这个乞丐辛苦存下的粮食,这是何道理?"谁知这只老鼠居然说话了:"你这个人命中注定存不住粮食,即使我不来偷,你的粮食也会因为其他原因消失。"乞丐不明白为什么,就问老鼠:"这是为什么?"老鼠回答:"原因我不知道,你去问佛祖吧。"

于是,乞丐决定前往西天去问佛祖,想知道他是不是注定要一生贫穷。

前往西天的道路是非常遥远的,乞丐一路乞讨一路前行。一天,乞丐什么东西都没有讨到,因为周围全是荒野,直到天黑,他才找到一家农户,他前去敲门,想讨一口饭吃。这户人家的主人见乞丐可怜,不但给他饭吃,还主动让他晚上留宿在他们家,乞丐连声道谢。这户人家的主人问乞丐,为何天这么晚还在赶路,乞丐告诉他自己要去西天问佛祖事情。这家主人听完之后,给乞丐拿了许多银子和干粮,希望乞丐顺便帮他问佛祖一件事情。原来这家的主人有一个女儿,非常聪明也很乖巧,但是一直长到十六岁都不会说话,所以他希望乞丐去问问佛祖这是为什么。乞丐心想反正自己要去西天,帮他问一个问题也没什么,就答应了。

第二天,乞丐上路了。几天之后,乞丐赶了很长时间路,口渴了,刚好看见前面有一座寺庙,乞丐走进寺庙,想讨碗水喝。寺庙里只有一个老和尚,老和尚见乞丐风尘仆仆,给乞丐水喝,又让他在这里休息。老和尚问乞丐要去做什么,乞丐说了自己的目的。老和尚立刻抓住乞丐的手，对乞丐说："我在这里修行多年，却无法修成正果，你这次若见到佛祖，帮我也问问原因吧。"乞丐很爽快地答应了老和尚的要求。

从寺庙出来，乞丐又上路了，期间翻山越岭，最后来到了一条大河旁。这条大河非常宽，水流湍急，乞丐在岸边想了很久，也没有想到过河的方法。想到自己一路的辛苦，乞丐不禁大哭起来。

这时，从河中游出来一只巨大的乌龟，这只乌龟还会说人话，它问乞丐："你为什么在河边哭得如此伤心？"乞丐便将自己要去见佛祖的事情说了出来。乌龟听了对乞丐说："我在这条河中已经修行了上千年，但是始终无法升天成仙，如果你能帮我去问问佛祖原因，我就把你送到河对面。"乞丐一听高兴地答应了。

乞丐继续向西行走，这次他不知道走了多少天，也不知道赶了多少路，却始终没有看见佛祖。乞丐有些疑惑，虽然他没有来过西天，但是自己走了这么久，应该到了吧，想着想着，疲惫不堪的乞丐睡着了。在梦中，佛祖出现在乞丐的面前，乞丐非常高兴，将自己来见佛祖的原因说了出来。

佛祖听完之后对乞丐说："我可以回答你的问题，但是只能回答三个问题。"乞丐心想自己一路走来，总共带了四个问题，究竟该问哪三个呢？乌龟在河中修行了近千年，却无法飞升，应该帮它解惑；老和尚孤独一人在山中修行，也十分辛苦，他的问题也必须问；而那个农户的女儿十六岁依然不会说话，如果不帮他问问恐怕他女儿一辈子都是哑巴了,也必须问。最终乞丐决定不问自己的问题,而问其他三人拜托他问的问题。

佛祖回答乞丐:"大河中的乌龟其实早就能飞升成仙,但是它始终不愿意丢弃身体里的一颗夜明珠,如果它将夜明珠丢弃,立刻就能飞升。

"老和尚始终不能修成正果,是因为在他寺庙的院子里藏了很多宝藏,虽然老和尚不知道,但是这些宝藏就在他的脚下,所以影响了他的修行。

"农户的女儿不会说话,是因为他没有遇到能让她说话的人,你回去她必然就能说话了。"

回答完这三个问题,乞丐就醒了,虽然他自己的问题没有问,但是其他三人的问题有了答案,他非常高兴,于是朝着西方拜了拜,就踏上了回去的路。

乞丐先回到了大河边,乌龟见到乞丐回来了,赶忙问佛祖是怎么回答自己的问题的。乞丐便将佛祖的话告诉了乌龟,乌龟听后立刻从口中吐出一颗夜明珠,然后对乞丐说:"这颗夜明珠我收藏了多年,是无价之宝,不想竟是它影响了我修行,现在我就把它送给你吧。"说着,乌龟将夜明珠塞给乞丐,就没有了踪影。

乞丐拿着夜明珠继续往回走,又来到之前的寺庙,见到了老和尚。老和尚问乞丐,佛祖怎么说的,乞丐说明了原因。老和尚立刻找来工具,在寺庙的院中挖了起来。很快,他就挖出了一大堆宝藏。老和尚高兴地对乞丐说:"现在我即将修成正果,这些宝藏就都送给你吧。"刚说完,老和尚就化为一道金光,直飞上天。

乞丐最后来到了农户的家中,农户的女儿一见到乞丐立刻喊道:"去找佛祖的人回来了。"农户惊喜不已,乞丐将佛祖的话说给农户听,农户连声说谢谢,并决定将自己的女儿嫁给乞丐。

就这样,乞丐虽然为了他人的问题而没有向佛祖问自己的问题,但是最后却获得了丰厚的回报。

你为别人考虑,别人就会为你考虑,这是规律,同时也是因果。

不要丧失爱的能力

我曾在网上看过这么一则报道,有一对上了年纪的夫妻,家中贫困,几年前唯一的儿子意外离世,丈夫又得了重病,瘫痪在床,生活完全不能自理,全靠妻子照顾。面对这样的情况,已经年过七十的妻子没有放弃,靠自己捡废品以及邻居的帮助撑了下来,直到生命走到尽头,仍在无微不至地照顾丈夫。对于这对夫妻来说,虽然生活充满了苦难,但是他们并没有因为苦难而丧失爱的能力。

年迈的妻子对自己的丈夫不离不弃,是因为她的心中有爱他人的心,这种爱让她面对生活的苦难仍会选择努力抗争。

☞ 爱是一种能力

如果一个人失去了爱他人的能力,就会感觉自己无法融入社会，感受不到他人带来的温暖，也就失去了前进的动力。同时，没有爱他人能力的人，很容易产生怨恨心理，错误地认为所有人都应该以自己为中心，无论他人给予多少爱，都不会满足。

我们生活在贫富悬殊的社会，少数人掌握着大多数财富，因此生活中难免会遇到各种各样的问题和挑战。在我们为了生活，为了理想，努力奋斗的同时，我们也会遭受现实给我们的一次次打击，有的人被这样的打击击倒之后，就不愿意站起来再尝试，从而随波逐流，并因此对生活失去了信心。这时，请想一下雕塑大师罗丹说的一句话："世间的活动，缺点虽多，但仍然是美好的。"

要明白，人生中快乐与痛苦总是在交替轮回的，能让人保持心中希望的就是爱。不要将生活当成一种负担，无论生活是否顺心如意，只有热爱生活才能够享受到其中的乐趣，生活重要的是过程，而不是最终的结果。毕竟你现在所拥有的一切，最终都将会失去，只有爱是不变的。

如果你之前不懂得爱，那么从现在起，请你学习去爱。照顾好自己的感受，才会具备接受爱的能力。

爱人，要从爱自己开始。

如果你自己就十分缺爱，却想要将自己的爱给别人，那么你给别人的，只可能是你仅剩的最后的爱。

如果你把最后的爱都给了别人，仍然得不到好的回应，那就不要去责怪别人了，因为你自己都不爱自己，别人为什么要来爱你呢？

就像尊重一样。你虽然在想尽办法尊重别人，但却不懂得尊重自己。遇到事情总是委曲求全，看别人的脸色做事，别人不高兴了，你马上认为是自己的问题，于是去讨好对方。这样的你别人怎么会尊重。

著名心理学家弗洛姆曾说：爱是一种能力。不错，爱确实是一种能力，当你不懂得爱自己的时候，你总是在讨好别人，却委屈了自己。你把自己的所有奉献给别人，可是到最后换来的不过只是别人的不屑。

当你明白在爱他人之前，首先要爱自己时，你就会想改变自己，改变自己就开始健身、赚钱、社交、读书……这样的生活你会感觉非常开心、非常精彩、非常愉快，你将会对生活充满希望。从现在开始学会好好爱自己吧，让自己成为值得他人爱的人，让自己成为一个给别人带来爱的人。

第六章

你的人生，
将会是很好很长的一场修行

01 我察觉自己，我爱自己

你最智慧的朋友：自我觉察

☞ 关注自己的内心

关注自己内心的感受，倾听自己内心发出的声音，通过这种关注和倾听，你会发现平时没有注意到的渴望和追求。与自己的内心进行交流，是非常享受的事情，一个人独处同样也是非常享受的事情，当这种享受成为一种习惯，你就会发现来自内心爱的能量。

每个人心中都有两种性灵，一种是情绪的性灵，一种是智慧的性灵，当情绪的性灵主宰我们时，智慧的性灵是沉睡的，我们由情绪和纷繁不绝的念头所支配。

而智慧的性灵觉醒之时，情绪的灵性便会退居二线。

智慧性灵的崛起，就是自我觉察。

这些年，因为工作原因我东奔西走，可谓走遍了大江南北，而我认识的人，也形形色色，我虽未"识尽天下英豪"，但是我见识的人绝对比绝大多数人多。在这些人中，有普通人，也有出类拔萃的精英，我发现那些有所成就的人，无论年龄、性别、从事什么行业，他们都有一个共同特征，那就是"踏实"。

这个踏实更进一步可以表述为，他们能够用心做好当下的每一件事。一个踏实的人，每件小事他都能做好，他如果想要学习什么技能，就没有学不会的，即使他的智商并未超越他人，但是他所做的，就是不管时间，只是一步步地去做、去学。

一个做事踏实的人，即使未来没有多么惊人的成就，也绝不会沦为庸庸碌碌，因为，踏实这个特质，本身就可以让人出类拔萃。

这个世界太大了，我们每天接触的信息太多，如果没有让自己沉下来的能力，你会很快迷失在浮躁中。

如果你想在未来有所成就，有种能力你一定要学会，那就是：活在当下的能力。

世界上的绝大多数人，是没有这种能力的，人们要么活在过去，被过去的痛苦所折磨，为过去的成功而执着；要么活在未来，活在幻想的恐惧中，或者幻想的成功中。

大家都很喜欢金庸的《天龙八部》，在这部书中，传达的是"众生皆苦、有情皆孽"的佛教理念，里面很多人的经历不可谓不凄惨。其中最惨的人是谁？

我认为是慕容复。在慕容复求娶西夏公主的时候，被公主的侍女要求回答三个问题。

"请问公子！公子生平在什么地方最是快乐逍遥？"

这问题慕容复曾听她问过四五十个人，但问到自己之时，突然间张口结舌，答不上来。他一生营营役役，为兴复燕国而奔走，可谓从未有过快乐之时。

别人瞧他年少英俊，武功高强，名满天下，江湖上对之无不敬畏，自必志得意满，但他内心，实在是从来没感受过真正的快乐。

他呆了一呆，说道："要我觉得真正快乐，那是将来，不是过去。"

那宫女还以为慕容复与宗赞王子等人的说法一样，要等招为驸马，与公主成亲，那才是真正的快乐，却不知慕容复所说的快乐，是将来身登大宝，成为大燕的中兴之主。

她微微一笑，又问："公子生平最爱之人叫什么名字？"

慕容复一怔，沉吟片刻，叹了口气，说道："我没什么最爱之人。"那宫女道："如此说来，这第三问也不用了。"

慕容复道："我盼得见公主之后，能回答姐姐第二、第三个问题。"

每当我看到这一段时，都为慕容复感到悲哀。"要我觉得真正快乐，那是将来，不是过去"，原来在他三十年的人生中，从来没有过真正的快乐，而后来他的结局大家也都知道。

慕容复从小被严加管教，灌输复国理念，其一生都在为这个重任奔走，一直生活在对未来的期盼中，直到最后成了疯子，都没有真正感受过快乐。

没有人想拥有他这样的人生，但是我们却有着和他一样的思想：认为快乐只在未来。

如果我们想让自己的生活变得快乐，那就从把握当下做起吧。

慕容复从未活在当下过，他的快乐在想象中的未来，他的痛苦在已发生的过去。

我们大多数人和慕容复何其相似！

我们每时每刻，要么想着已经发生的烦恼或荣耀，要么沉浸在对未来的想象中。

我偶尔乘坐地铁，地铁上许多张脸上都是表情凝重、愁眉苦脸，一方面可能是因为上班太累了，另一方面何尝不是因为我们心中总是想着过去和未来的事情？

今天一定要搞定这个难缠的客户……

今天要做的工作太多了……

我感觉老板对我最近的工作不满意，今天白天他批评我的是什么……

哎呀真烦，明天又要去应酬了，真不想去啊……

为什么他还没有回我电话，我怎么能让他对我更上心一点儿……

这些纷繁复杂的念头要么关于过去，要么关于未来，很少关于现在——只有一种例外，就是现状令我们感到不满，我们在内心发出抱怨的时候（参见有关"受害者"的小节）。

要活在当下何其之难！

一位心理学家做过一次关于快乐的社会调查，这位心理学家在所有志愿者中随机挑选出几千名调查对象，给出三个问题让他们回答：

第一个问题，你现在感觉快乐吗？

第二个问题，你现在做的事情是什么？

第三个问题，你现在所做的事情，是你心里正在思考的那件事吗？

心理学家在对答案进行整理分析之后发现：

绝大多数人在做眼前的事情时，会走神发呆，想到其他事情。而人们在做一件事的时候，甚至会有 48.5% 的时间，心思不在这件事上。这些所做与所思不一致的人，心情愉快的比例极少，不愉快和一般是他们心情的主旋律。

同时，在接受调查的人之中，有少部分人所做的事情正是自己所想的，他们完全投入到了自己做的事情中，他们的心情是非常愉快的。

最后心理学家得出一个结论：

专注于自己正在做的事情，活在当下，本身就能带来极大的愉悦感和幸福感。

活在当下，需要你加倍觉察、加倍努力。活在当下，需要你的勇气和决心以及反反复复的练习。

☞ **如何活在当下？**

活在当下意味着放弃，放弃对过去和未来的执念。

当你真正开始活在当下的时候，你会在上班的时候认真工作，上班就只是上班，你会在做事时全心做事，而不是被其他无关的事情转移注意力；你会在陪伴妻子/丈夫/恋人的时候，重新感受到爱情带来的温馨和喜悦，而不是像以往那样被其他事情困扰；你会在与孩子玩耍时，重新感受到儿时玩耍的快乐。

你终身的课题：自我悦纳

我爱那个无助的自己

自我悦纳是教练技术中的重要课题，每次讲到这个课题时，我都会带着学员做一个心灵游戏：

首先我会让学员在一张白纸上将自己最恐惧的事写出来。

比如：我不能有缺点、我不能做错事、我不能放松对自己的约束……

然后让学员将"我不能"改成"我可以"。

改完之后，之前写的内容就变成了：我可以有缺点、我可以做错事、我可以放松对自己的约束……

当学员读完修改之后的内容，惊奇地发现自己的愧疚感、焦虑感等不安情绪统统消失了，取而代之的是放松、安全和舒适。

最后，我会请所有学员闭上双眼，想象一个场景：在我们的面前有个小孩，这个小孩就是小时候的自己。

在我们面前，这个小一号的自己只有6岁，因为前一天的考试成绩并不理想，刚刚被老师训斥过，被家长责骂过，此时他的心中充满了无助感，只能在那儿不停地哭泣。

面对小时候的自己，我们应该怎么做？

"宝贝，你可以学习成绩不理想，这不会影响父母对你的看法"；"无论你有没有缺点，是否优秀，父母都会爱你，接受你。"；"去做你应该做的事情吧，不要担心会犯错，我会永远支持你"……

当游戏进行到这一步时，每个学员都对小时候的自己说了很多话，甚至有学员在这个想象的场景中放声大哭。

有学员在游戏结束后对我说："在伤心之后，我感觉到了前所未有的轻松，原来那些将我压得喘不过来气的压力也都全部消失了。"

我曾经在一本书中读到："你爱自己吗？如果你不爱自己，你怎么有能力去爱他人？爱自己是最简单也是最复杂的事情。它不需要任何成本，却需要一颗无畏的灵魂。我们每个人都是不完满的，爱一个不完满的自己是勇敢者的行为。"

一个人只有知道怎么爱自己，才能够拥有爱的能力，才知道如何去爱别人。爱是需要花费一生时间去学习的，你知道如何爱自己吗？

☞ 接纳自己

学会完全地接纳自己，无论是优点还是缺点，都是自己的一部分，学会接纳它们，同时学会接纳所有因为自己的选择和决定而得到的结果。不要因为自己的缺点就过分苛求自己，接纳自己是无条件的。

"接纳自己"听起来简单，但是做起来却非常难。无论你现在处于什么情况，不管你现在的生活有多么艰难，都应该面对现实，并接受现实。我们的人生就像是盖楼，大楼想要盖得高，首先要考虑地基的问题，地基有多深，下面土质怎么样，都会影响到大楼的高度。其他人的盖楼方法你是没有办法完全照抄的。每个人的先天条件不同，这是我们无法控制的。就像你无法选择自己出生的环境，没办法选择自己的长相，没办法选择你在生活中会经历什么样的事情，以及遇到什么样的人一样。

学会接纳自己，要求你必须明白自己的情况，知道自己现在应该做什么，不应该做什么，什么东西才是自己真正需要的。

学会接纳自己，要求你能够发现自己不完善的地方，却并不会对自己失去信心，愿意为了完善自己而付出努力。

学会接纳自己，要求你能够珍惜自己所拥有的东西，在尊重自己的同时也能够尊重他人，对于自己同他人之间的差异可以客观看待，理解自己在世界上是独一无二的，无论别人如何看待自己，都不会放弃自己。

学会接纳自己，要求你不会因为做错一件事情，就全盘否定自己。允许自己犯错，人在犯错误的同时也是在学习，错误是每个人都无法避免的，是人生的一部分。

有一个刚上小学的孩子，在一天放学之后对母亲说："我有一个同学非常可怜！"

母亲问道："为什么你觉得这个同学可怜呢？"

孩子回答："因为他对老师说，他非常讨厌自己。如果我讨厌一个人，可以跑到一边，不接近那个人，但他讨厌的是自己，是没有办法逃走的。"

一个才上小学的孩子讲出了一个人生哲理：一个人如果讨

厌自己，那么他就无法享受独处的时光，无法逃避自己讨厌的对象，每天都只能在痛苦中度过。

而且，一个人如果连自己都讨厌，他就很难喜欢和接纳其他人，他的人际关系通常是糟糕的。

我的一位学员曾问过我这样一个问题："教练，为什么我心里总是会有愧疚和焦虑的感觉，这种感觉让我时刻无法放松。每当我要做事，就会非常担心做错，一旦真的做错了，又会陷入深深的懊恼中。"

从表面来看，这似乎是一个心态问题，但实际上却并不是这样，这其实是我们和父母关系的问题。

☞ **不够优秀就不会被父母接受**

很多人心中都有这样的恐惧：如果自己不够优秀，就不会得到父母的认同，也就不会被父母接受。

在童年时期，父母对孩子的影响非常大，孩子会十分在意父母对自己的看法。

有些孩子在童年并不怎么幸福，父母对其管教十分严厉。

比如考试成绩不理想时，父母会对孩子说："你是怎么回事，这样的成绩，你对得起我们吗？你让我们在亲戚朋友面前怎么抬得起头？"

长期生活在这种环境下，年幼的我们就会产生一个想法：我所做的一切并不是为自己做的，而是为父母做的，父母对我的关爱也并不是爱我本身，更多是为了让他们自己能够在亲戚朋友面前抬起头。

这种想法形成之后，如果没有人去正确引导，会很难改变。孩子会时刻提醒自己必须成为一个没有缺点的人，成为一个在父母眼中优秀的人，因为只有这样，自己才能够被父母所接受。

☞ **严厉的"内在父母"**

长大之后，虽然大部分父母对我们的管教不会再像小时候那样严厉，但是因为童年的经历，我们会在自己的内心创造出一个严厉要求自己的"内在父母"，他们会要求我们：你应该去做什么事情，你不应该去做什么事情，你的每一件事情都必须做好。

"内在父母"对我们的要求，就像是单曲循环的音乐，不断在我们大脑中重复，影响着我们对自己、对外界的认知。最终会让我们怀疑自己是不是什么事情都做不好，怀疑自己是否有资格得到父母的爱。

☞ **给予自己无条件的爱**

无条件的爱才是我们希望得到的爱，虽然小时候的我们并不懂得这一点，我们也无法回到过去告诉父母，用什么样的方法教育我们才是正确的，但是我们可以无条件地爱现在的自己，不要对自己太苛刻，给自己一点自由。

我们想要快乐的生活，就必须学会自我悦纳。如果一个人不能做到自我悦纳，那么无论他有多少财富，有多大的权利，都无法消除内心的悲伤和恐惧。

接纳自己，就像让一个迷失方向的孩子找到回家的路，这也是获得幸福人生的必要条件。

02 最强大的力量，永远在你的心中

你最忠诚的伙伴：自我激励

☞ 激励的核心在于爱

学会爱护自己，首先要养成良好的生活习惯，让自己生活得有规律和健康，只有这样，我们才能够有充足的精力，去面对生活中的其他事情，去发现生活中那些隐藏起来的幸福和快乐。

爱默生曾说："人生最大的财富就是健康。"健康的身体是人生的基础，有了它你才会有希望，拥有了希望你的人生才会变得有意义。健康是你人生中最大的财富，你的一切幸福都建立在健康的基础上，它对你的重要性是无可替代的，所以请重视自己的健康。

也许有人会说："每个人都知道健康的重要性。"确实，大多数人都明白健康对自己有多重要，但是知道又怎么样？很多人还是并没有将健康放在心上，没有改掉那些不利于身体健康的生活习惯。

我们经常在新闻中看到企业家英年早逝的消息。比如2008年7月22日，北京同仁堂董事长，39岁的张生瑜因为突发心脏病离世；2005年4月19日，麦当劳公司首席执行官，60岁的吉姆·坎塔卢波因病猝死。类似的事件还有很多，这些叱咤商场的大亨们就像流星一样，人生光辉灿烂但却非常短暂，让周围的人无不叹息。

并不是这些商业大亨不了解健康的重要性，只是他们认为有些事比自己的健康更重要，为了这些事情他们牺牲了健康。他们的人生虽然在外人眼中风光无限，但是他们自己的身体和心理健康状况都非常糟糕。

"过劳死"这个话题，因为近两年媒体多次报道白领加班劳累致死而被人关注。据统计，现在每年"过劳死"的人数已经超过60万，更让人们很难想象的是，80后正在成为"过劳死"的主力！这些处于人生黄金期的年轻人，创造了大量的社会财富，代价却是自己最宝贵的财富——生命！

失去了生命，其他的一切都将失去意义。无论是对于每天为了吃饭，而忙碌奔走的社会底层人群，还是对于衣着光鲜出入豪华场所的成功人士，健康都是最重要、最基础的，然而很多人对其选择了忽视。这些人总是认为眼前的事情更加重要，直到失去了健康才追悔莫及。

人的身体就像一个花园，只有你认真对待它，用心照顾它，它才能生机盎然。日本一位著名的企业家曾说，成功是由三个主要因素构成的，那就是：强健、弹性、感情。

其中排首位的强健，指的就是身体健康。无论是工作还是生活，都需要健康的身体做基础，有了这个基础，工作才能顺利进行，生活才能充满活力。

英国前首相布莱尔从中学时代起就热衷于运动，曾进过橄榄球队，还成为过校板球队队长，其他运动包括篮球、网球他都练习过。

即使成为英国首相后,布莱尔也没有放弃运动,他定期去游泳、打网球、健身。一有空,布莱尔就会带着家人去伦敦郊外的一座古堡,感受城市之外的田园生活。如果没有太多事情,布莱尔还会和保镖们进行一场小型足球比赛,踢球踢得满身大汗之后,再跳入露天游泳池畅快地游一番。布莱尔曾对媒体说:"虽然我已经从大学出来很多年,但是值得庆幸的是,我的身材没有十分明显的变化。"

首相每天的工作是十分繁忙的,布莱尔却能够坚持运动,因为他明白,运动能给他的身体带来健康,同时还能让他更好地享受生活。因此,不要将工作繁忙作为不重视健康的借口,你是否能够拥有健康的身体,只和你的态度有关系。

现在有一句比较流行的话:"年轻时用健康赚钱,年老时用钱买健康。"这句话表明了现代人对健康的态度。但是,以牺牲身体健康为代价去赚钱,这笔交易划算吗?再说,健康是用金钱能够买来的吗?

钱确实非常重要,没有钱的生活将会非常艰难。但是如果你牺牲健康去赚钱,那只能说你是一个非常愚蠢的人,你做的这笔交易非常不划算。你牺牲自己的健康赚钱,当你赚到钱之后,却没有力气去花了,那你赚钱的意义又是什么呢?

虽然金钱可以买到非常多的东西,但是健康却是无法买到的,就像是你无法用金钱买到时间一样。

要明白,虽然现在科技水平非常发达,但是一旦你彻底失去了健康,再先进的医疗技术也只能起到减轻痛苦,延长你生命的作用，是没有办法还你一个健康的身体的。

所以用健康换取金钱的做法，实在不是明智之举。我们应该将目光放长远些，只有拥有健康的身体，才有实现理想的资本，人生也才显得更有意义。

有研究表明，人们的日常生活习惯，是影响身体健康的重要因素。拥有什么样的生活习惯，很大程度上决定了你会拥有什么样的身体。也许外在环境我们无法改变，但是我们可以通过改变生活习惯获得强健的体魄。

☞ **不要抱怨**

一个整天抱怨的人，是没有人会喜欢的，包括自己，但是很多人明知道这是错误的，就是改不了。一个人对他人和外界环境所持的态度，往往也代表着他对自己的看法，也就是说，当你在因为他人或者外界环境而抱怨的时候，很可能是因为你对自己有所不满。

喜欢抱怨的人总是感觉不顺心，在他们眼中，周围的一切都在和他们做对：他们出门时总是找不到钥匙，他们开车时总是遇见红灯，他们上街买菜时总是被小贩欺骗，他们有新想法时总是被他人泼冷水。

难道这些人真的比其他人运气差？当然不是。他们经历的事情所有人都会遇到，只不过这些人非常在意这些负面的事情，并将这些事情放大，就像生活在放大镜下一样。

容易紧张、经常发怒的状态，是因为内心深处存在着不安全感。对于那些喜欢抱怨的人来说，因为对自己感到不满意，才会产生这种不安全感。对自己不满意的态度有可能来自于家庭。如果一个人在青少年时期，经常受到来自家庭的负面评价，或者父母总是将他与其他更加优秀的孩子进行比较，久而久之，他就会形成一种思维定式，对自己感到不满意，并会对自己以及周围的环境提出非常高的要求。

当抱怨成为习惯，就算他对某件事情没意见，也会不停地抱怨，散发出负能量。在这种情况下，他自己所具有的优势就很难被发现，而自己也无法看清楚自身拥有的资源。

这种人的人际关系一般都比较糟糕。由于总是将注意力放在负面影响上，他们说话很容易伤害其他人，其他人也无法和他们很好地进行沟通。在社会中，对于这样的人，多数人会选择保持距离。在工作中，领导为了减少不必要的麻烦，也不会给这样的人安排重要的工作，因此他会失去很多机会。

☞ **有爱好让你更快乐**

每个人都应该有自己的业余爱好，如果你发现自己没有，那从现在开始培养吧。当你有自己的爱好之后，可以抽出一些时间，屏蔽所有的干扰，认真地投入到自己的爱好中去。这段时间完全属于你自己。当你这么做之后，会发现爱好给你带来的不只是娱乐，它还能让你的生活充满正能量。

很多人说，如果你的工作是自己的爱好，那将是一件多么幸福的事情。的确，能够让爱好成为工作，是非常完美的。但是生活当中不完美总是多于完美。大多数人的工作，都只是赚钱立业的一种方式，即使曾经是自己的爱好，经过时间的打磨,也是兴趣全无,仅仅成为了工作。所以,人应该培养一两个爱好,用爱好将自己生活中的负能量化解。

姑娘A是一位程序员,也就是大家口中的"码农",收入不少,但是也比较辛苦,加班是常事。她在工作之余最大的爱好是旅游,每年都会利用年假外出旅游,以缓解工作带来的压力。几年下来,国内国外她去过好多地方,而且每次旅游回来,她都会将自己的好友聚在一起,将带回来的特产分给大家,并给大家展示旅游时拍摄的照片。在这些照片上,你会看到一个和上班时完全不同的她。每次她给朋友们讲异地风土人情时,你都能从她的表达中感受到她的快乐、惊喜、感动……因为这是她最喜欢的事情,在面对种种压力时,她从旅游中找到了生活的意义所在,也明白了生命就像一场旅行,在旅行的途中要自己去寻找乐趣。

姑娘B,在一家大型公司做秘书。工作既枯燥又烦琐,但是她有一个能够让生活变得一点都不枯燥的爱好,那就是烹饪。在她的家里,随处可见美食相关的图书,一说起美食她能和你聊几个小时都不带重复的,哪些食材放在一起能够更加美味、更加营养,她也了如指掌。

到周末,她大显身手的时刻就到了。她会一大早去市场购买食材,因为早上的蔬菜最新鲜。花一个小时购买完食材之后,接下来就是回家花费两个小时煎炒烹炸。当她看到自己做的一桌色香味俱全的美食被朋友们赞不绝口时,幸福感瞬间暴涨。对于她来说,对美食的热爱就等于对生活的热爱。在美食中,她寻找到了在工作中无法寻求到的幸福感，同时她的美食还能够让朋友一起分享。

爱好有很多种，有人喜欢集邮，一集就是几十年，一本本的集邮册让人叹为观止；有人喜欢健身，常年坚持，从不中断，即使步入中年依然保持着良好的身材；有人喜欢踢足球，虽然技术不怎么好，但是非常享受在阳光下的绿茵场上奔跑的感觉，每周都会抽空踢一会儿，让原本平淡的生活变得更有滋味……

大多数人是普通人，普通人的生活往往没有电影那样跌宕起伏的剧情。生活很多时候会让人感觉像是一杯白开水，毫无滋味，但是我们可以通过找到兴趣爱好，给生活这杯白开水增加点色彩和味道，让自己感受到生活的快乐。你会因为自己的兴趣爱好而发奋向上，你周围的人或许也会因为你的爱好而对你刮目相看，既然这样何乐而不为呢？

你最好的成长途径：自我完善

☞ 建立一套完善且灵活的人格体系

在现实生活中有一人，会让我们感觉非常容易沟通且有意思，我们喜欢和这种人来往，而这种人在人生道路上通常也走得比较顺畅。

那这种人和普通人有什么不同呢？用通俗的话来说，就是情商较高。而如果用比较精确的说法，就是这些人拥有一套完善且灵活的人格体系。

一套完善且灵活的人格体系通常包含三个子体系，对我们来说，其中的每一个子体系都非常重要，我们想拥有理想的人生，离不开这三个子体系的支持，如果缺少了其中任何一个，都会让我们陷入巨大的危机中（见图 6-1）。

建立一套完善且灵活的人格体系，是我们完善的终极目标。

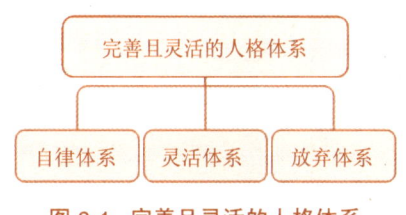

图 6-1　完善且灵活的人格体系

自律体系

在人格体系中，排首位的是自律体系。

绝大多数人已经拥有自律体系，差别只是体系的运转是否良好，所以，我们需要做的，就是让自己的自律体系运转更加良好。

如果自我约束能力太差，我们就会放纵。很多人有这样的经历：定了无数的计划和目标，但总是无法按照计划执行。比如给自己设立了减肥目标，但是一遇到美食，就忘记了目标，吃完之后又开始后悔，然后再给自己定下目标，再次不按计划执行，如此周而复始。

这就是自律体系不良运转的典型：缺少自律。一个人缺少自律，就无法对自己进行有效的约束。一个无法自律的人，不难想象在人生道路上将遇到无数的麻烦和挫折。

当然，并不是说自律越严格就越好，过分严格的自我约束，同样是自律体系运转不良的表现。

如果我们过分约束自己，很容易成为不懂人情世故、不懂变通的人。一方面，我们强迫自己承担了很多不必要的责任，使我们无法聚焦于真正的人生目标；另一方面，一个人不懂人情世故、不懂变通，在社会上就会经常碰壁，被磕得头破血流。

让自己的自律体系运转良好，并不是一件简单的事情，而是一件既困难又复杂的事情。既需要我们有正确的判断力，又需要有充足的勇气。我们要明白自己需要承担的责任是什么，同时要明白哪些责任是可以放下的。我们要学会让自己的眼光更加长远，学会推迟满足感，这样才能够让我们的人生更加充实，让我们人生的大部分时间都在快乐中度过。

灵活体系

同样的事情出现在不同的场合，正确的应对方式也会有所不同，这就需要我们建立一种灵活的应对机制。

比如我们受到伤害，或者对某个人、某件事感到极度失望，这时愤怒的情绪就会随之产生。

但是我们该如何处理自己的愤怒情绪呢？是对伤害自己的人奋起反抗，对让自己失望的人暴跳如雷，还是默默忍受，寻找其他方法来处理自己的情绪？

大多数人可能会认为默默忍受，寻找其他方法来处理自己的情绪，才是正确的做法，但其实不是，有时将我们的愤怒发泄出来，也不失为一个好的选择。当然，具体选择哪种方式，要根据具体的情况、环境来确定，这就是灵活。

人类的每种情绪都有其存在的意义，愤怒也不例外。一个从来不会愤怒的人，很容易让人产生好欺负的感觉，因此就总会受到欺辱，无法正常生活。

在恰当的时候表达自己的愤怒，可以帮我们处理一些问题。比如当我们受到他人的恶意侵犯时，就可以表达出愤怒，向对方传达警告的信号，避免下次再发生类似的事情。这里需要注意一点，当愤怒情绪产生之后，我们很容易失去理智，失去对自己的控制，从而引发正面冲突。大多数时候，正面冲突都会让我们陷入糟糕的境地，这就要求我们既要拥有产生愤怒的能力，同时也要能够控制住愤怒的情绪，避免其失控。

控制自己的情绪表达是一种能力，这种能力就来源于人格体系中的灵活体系，完善的灵活体系，能够让我们从容面对生活中的烦恼和琐事。

而在现实中，很多人直到步入中年，才发现灵活体系的重要性，这并不奇怪，因为有的人一生都没有学会，如何让自己的灵活体系正常运转，而且这类人非常多。

放弃体系

生活中，我们总会碰到不满意的事情，面对这些事情，我们可以尝试去改变，但是如果确实无法改变，我们就需要学会放手。不要让这些事情影响到自己，不要一直陷在其中无法自拔。有时候放弃一些不必要的执着，我们才能轻松地继续前行。

做任何事情都要量力而行，过分地执着，有时候只会给自己增加痛苦。很多人不明白这一点，认为执着是好事情，其实放弃一些不必要的执着对我们的人生有百利而无一害。

学会做出选择，这是一个人成熟的标志之一。人生需要做出很多选择，而大多数选择都是单选题，这就意味着我们必须放弃一些事情。学会从无法共存的目标或者责任中，放弃一些内容，找到一个平衡点，这就需要放弃体系起作用。

大多数时候，放弃都不是一件让人高兴的事情，但是如果不放弃，则可能带来让我们痛苦的事情。就像一个人骑着自行车从陡坡上冲下来，在这个过程中，他就面临一个放弃的选择：刹车，放弃下坡加速带来的畅快感觉。如果他不愿意放弃这种畅快的感觉，很可能会因此而受伤。

放弃享受权利、放弃发泄情绪，这些都会给我们带来痛苦，但都是小痛苦。有时，我们需要放弃的东西，会让我们的人生观、世界观发生改变，这种改变会让我们感到无比痛苦，比如放弃我们根深蒂固的观念、放弃我们曾经认可的人生理念等等。

每个人的人生中都有无数个岔路口，顺利通过这些岔路口就必须放弃一些东西，一些我们已经拥有的东西。不愿意放弃只会带来两个结果：停留在原地，止步不前；或者直接冲出道路，摔得鼻青脸肿。

虽然放弃会给我们带来痛苦，但是想要获得成长和进步，学会放弃是必不可少的。对我们来说，选择放弃就像是蛇需要蜕皮一样，过程是让人痛苦的，但是完成这个过程，我们将获得成长和新生。

适当放弃不等于不求上进

半夜时分,一位老方丈发现小徒弟还在屋外练习舞棍,便出去问小徒弟:"这么晚了,为什么你还不回屋睡觉?"

小徒弟回答说:"因为我现在不如师兄,我希望通过勤奋和努力超过他。"

老方丈听了笑笑说:"你的师兄在这方面非常有天赋,也很勤奋,学习的时间也比你长,以你现在的能力,想要超过他是非常困难的。"

小徒弟说:"我相信只要坚持不懈,刻苦练习,肯定能够超过师兄的。"

老方丈摇了摇头,给小徒弟讲了一个小故事。

一天,乌龟和兔子在路上相遇。乌龟见兔子一路上四处蹦跳,就对兔子说:"你这样缺乏恒心,一天只想着跳跃寻乐,这样下去,是什么事情都做不好的。"兔子听了乌龟的话,并没有辩解,因为兔子知道靠言语来辩解,是没有说服力的。

兔子对乌龟说:"那我们来赛跑怎么样?让松鼠在旁边当裁判。"

乌龟听了非常干脆地回答:"好啊。"

在松鼠的监督下,比赛开始了。乌龟爬了十几分钟,才移动了十几米,而兔子就在一旁看着,感觉有些不耐烦,又有一点后悔。兔子想:按照乌龟爬的速度,不知道什么时候才能够到终点,它不到终点比赛就不能算结束,我不能因为和它比赛把自己一天的时间都浪费掉。

想到这里，兔子便利用乌龟慢慢爬的时间四处蹦跳，非常快乐。

乌龟看见兔子又这样，心想：我能够吃苦，我有毅力，一定能够比兔子先一步到达终点。

乌龟爬到中午时，已经筋疲力尽了，这时看到道路旁边有一棵大树，便想去树下休息，但是想了想又放弃了，因为想到要赢兔子就必须要坚持，于是继续上路，向终点爬去。

而此时的兔子非常开心，因为它一路上都在做自己喜欢的事情，所以越跑越有精神。路上经过一条小河，兔子看到风景十分漂亮，便在河边的小树下睡了一觉。兔子醒过来之后，感觉自己的精力更加充沛了，但是却将和乌龟比赛的事情忘记了。正当它不知道该干什么时，突然看见一只大花猫从眼前跑过。兔子之前从来没有见过花猫，十分好奇，就一路追过去，想要仔细看看这只大花猫。就这样，兔子一路追啊追，一直追到一棵大树下，大花猫突然爬到了树上，兔子不会爬树，只能在树底下看着大花猫。这时，兔子突然听到树上传来松鼠的声音："兔子，你跑赢乌龟了。"

兔子仔细打量了一下周围的环境，才发现这棵树就是松鼠为它和乌龟赛跑所设的终点。而乌龟此时刚刚爬了一半的路程。

老方丈讲完这个故事后，对小徒弟说："适当的放弃并不是让你不求上进、虚度光阴，而是让你保持平和的心态，做事情量力而行。"

一个人想要不断取得进步，执着是必须拥有的品质，但是并不是任何时候都应该执着，学会适当地取舍才是明智的做法。

你永恒的追求：自我超越

☞ 如何获得真正的幸福？

　　幸福是一个非常大的概念，我们在本书中谈论了怎样获得快乐，怎样解决心灵的问题，怎样不痛苦，但是我们从未涉及过幸福这一本质问题。

　　现在我们可以谈论谈论幸福了，得到幸福，其实远比人们想象得容易。

　　当你超越自我时，你会感到幸福，你甚至不需要超越自我，只要你在超越自我的路上，你就会感受到由衷的幸福。

　　超越自我这个课题听起来很大，那么什么样的行为可以算作超越自我？

　　第一，为了自己真正想要的、真正喜欢的，不断付出努力。

　　第二，为了成为更理想、更成熟的自己，不断付出努力。

　　第一件事，是关于你想要做什么事情；第二件事，是关于你想要成为什么样的人。

☞ 那些你真正想做的事情

　　很多人会说：做我想做的事情，我就会幸福！这是多么简单！

　　这就奇怪了：我每天做的很多事，都是我想做的事情，比如我想去看电影，就在下班以后去看了；我想吃大餐，就约着朋友去吃了。

　　我想做，而且在做的事情，每天都做很多，为什么我还是没有感觉到幸福？

事实上，我们弄错了什么是"真正想做的事情"。我们想做的事情可以分为两种：

第一种，是可以给我们带来即时满足感的事情，在做这些事情时，我们会感到快乐，但是大多数是即时的快乐——你会为了一个月前吃的一顿大餐而快乐吗？不会吧！

第二种，是可以带给我们持久满足感和幸福感的事情，在做这件事情时，我们也许会感到辛苦，但是内心同时也被快乐所充斥——最重要的是，它带来的幸福感是持久的。回想过去，有哪些事情是让你现在想起来仍然开心的？

比如在事业上获得的成就，比如你在几个月的练习之后终于学会了某项技能。

哪些事情，才是你真正想做的事情？

找到你真正想做的事情，并为之持续付出努力，你就会幸福。

有一个关于幸福感的等级的研究：普通的幸福感，是得到想很久的东西，比如吃到了很久以来想吃的某种蛋糕，普通的幸福感，往往和这个物件的价格和获取难易程度挂钩。比如说，你吃到了某种想吃的美味，幸福感是 10，你买到了一辆想了很久的车，幸福感是 100。

高一级的幸福感，来源于情感得到回应和满足的体验。比如你向自己心仪已久的人表白，获得了对方的回应；比如母亲爱抚婴儿，看到婴儿的笑容。在这个等级，幸福感也许是在 100 到 1000 之间。

更高一级的幸福感,是一瞬间过电般的快乐和幸福,那一瞬间的幸福甚至可以媲美永恒——真正的大作家在写下传世名作的时刻、苦心孤诣的科学家终于找到了自己寻求的答案的一刻,那一刻的幸福是神赋予的时刻。

这就是为什么,很多大作家和科学家在达到创造体验时,会赋予它那么多美好的形容词。

我们普通人,可能永远达不到这样的境界,但是我们可以使自己更接近它,那就是找到你真正想做的事情,然后为之付出努力,决不放弃。

在克里希·那穆提的《生命之书》中有这样一段话:"如果只有一小时可活,你会做什么?你会不会安排好外在所有的事宜,譬如你的遗嘱?你会不会把家人和朋友都找来,请求他们宽恕你在他们身上所造成的伤害,同时也原谅他们在你身上所造成的伤害?你会不会彻底止息所有的心念活动以及对这个世界的欲望?如果这些事可以在一小时内完成,那么你的余生也可以办到这些事。"

☞ **幸福和不劳而获无关**

很多人认为幸福就是生活安逸,每天无忧无虑,不需要做什么事情就能获得很多资源……

我们常常以为,自己什么都不用做,无忧无虑、不用付出劳动就能获取奖励和很多资源时,就会变得非常幸福。

最常见的说法是:等我中彩票之后,我就不上班了,我就辞职,我就周游世界……总之,中彩票(不用劳动而获得大量资源),

就能令我幸福。

事实上，这是对幸福天大的误会。

彩票巨奖得主后的生活 中3.15亿元却家破人亡 - 百度彩票 - 彩票资讯
2014年12月11日 - 目前大乐透奖池已经达到惊人的13.2亿,相信每位彩民都跃跃欲试,希望在奖池中分一杯羹,大奖让我们对彩票报以了前所未有的关注与热情。[免费注册][新...
www.lecai.com/page/sta... ▼ - 百度快照 - 235条评价

巨奖人生:4882万得主靠吃利息,2千万得主家破人亡_彩票_新浪竞技...
但很多一夜暴富的朋友都会心态失衡,比如英国两个彩票富翁都用了不到10年败光千万家产,还有两位中大奖男子齐齐走上不归路等等,都反映了一夜暴富心态...
sports.sina.com.cn/l/2... ▼ - 百度快照

巨奖=惨剧:妻子为100万杀夫 1690万得主家破人亡_彩票_新浪竞技...
2013年2月13日 - 巨奖=惨剧 妻子为100万杀夫 1690万得主家破人亡2013年02月13日10 39...儿子丹尼尔和妻子特蕾莎为了庆祝他们家中修建的豪华泳池竣工,邀请多名好友来...
sports.sina.com.cn/l/2... ▼ - 百度快照 - 340条评价

巨奖败家:1690万得主家破人亡 1人4年挥霍900万_彩票_新浪竞技风暴...
2013年4月25日 - 巨奖败家:1690万得主家破人亡 1人4年挥霍900...家中修建的豪华泳池竣工,邀请多名好友来家中举办...然而,特蕾莎竟不知何故掉进泳池被活活毒死了...
sports.sina.com.cn/l/2... ▼ - 百度快照

天降横财也能变灾难 25亿元巨奖得主家破人亡_体育_腾讯网
2012年4月26日 - 有爱凑热闹的媒体更是已经给出答案:巨奖得主可购入一架波音787"梦幻"...结果家破人亡;2003年16岁凯莉中了190万英镑(约合2110万元人民币)的大奖...
sports.qq.com/a/201204... ▼ - 百度快照 - 172条评价

巨奖得主中奖生存报告 三亿奖金致家破人亡(图)_中国网
2009年7月11日 - 3亿奖金致家破人亡 美大奖得主宁厦归还奖金 5年前惠特克夺得大奖时与妻子...中奖对他的最大影响不在物质方面,而在于使他一夜成名,而且多为"臭名...
www.china.com.cn/info/... ▼ - 百度快照 - 450条评价

彩票巨奖竟致家破人亡 惨痛教训发人深省-新华网
2014年10月22日 - 国家旅游局5名游客被列入游客"黑名单" 国防部:回应美B-52轰炸机进入我南沙空域...视频信息 彩票巨奖致家破人亡 惨痛教训发人深省热榜 每月 每周...
news.xinhuanet.com/vid... ▼ - 百度快照 - 153条评价

湖南千万巨奖得主挥霍4年剩80元,深扒结局悲惨的彩票奖得主们_新蓝网
2015年8月17日 - 近年国内外的彩票巨奖得主,妻离子散、家破人亡的并不在少数。...像上述两位得主一样肆意挥霍奖金、被捕入狱,甚至妻离子散、家破人亡的大奖得主并不...
n.cztv.com/news2014/10... ▼ - 百度快照 - 88条评价

以上新闻中的主人公都中了彩票，得到一笔巨款，但竟都落得家破人亡的结局。

有国外研究机构及大学学者，对大奖获得者的生活调查后发现，越是奖金获得多的彩民，破产的概率越大。甚至有彩票运营商调查后发现，大奖获得者在收获奖金的同时，也将面对诸多的麻烦。

对于大多数人来说，彩票中奖是一件值得憧憬的事。中得大奖通常意味着更大的房子，更好的居住环境，还可以提前退休，跟家人和朋友一起享受生活。

然而，美国金融教育基金会一项调查发现，大多数彩票得主并不能很好地处理自己手中的巨额财富，其中大约有70%的得主，在中奖后的7年内便会遭遇财政危机，生活质量严重下滑。一夜暴富或许是天赐的幸运，但如果处理不当，或许会比中奖前过得更糟糕。

事实上，关于大奖得主将奖金挥霍一光，生活落魄甚至锒铛入狱或惹来杀身之祸的新闻并不少见。

幸运女中奖后破产三次自杀

凯莉·罗杰斯在16岁时成为了当时英国最年轻的大奖得主，幸运中得了190万英镑的巨奖（约合1762万元人民币）。兑奖时她甜美可人的笑容、性感低胸薄纱上衣与超短牛仔裙的搭配十分惹火。但是十年后的2013年，26岁的凯莉面容已略显苍老，身为三个孩子的妈妈，已花光了所有奖金。

凯莉感慨道："16岁时中得的190万英镑就像魔咒一样，

现在我终于打破了这个魔咒（一语双关，暗喻已经破产），终于可以开心地生活了。"凯莉介绍，她将190万英镑的奖金用在了做整容手术、隆胸、吸毒以及派对上。虽然获得了让众人羡慕的百万巨奖，但不为人知的是：这笔横财却曾经使她三次自杀。

超级富翁5年败光家产

令人痛惜的还有2001年的美国"强力球"彩票头等奖中奖者大卫·李·爱德华。当年他刮开一张2700万美元（约合人民币1.6亿）的彩票，一举成为超级富翁。但在中奖后，挥霍无度的他染上了各种恶习，吸毒使他和前妻都患了肺炎，5年内他花光了全部财产，于2013年在肯塔基州一家临终关怀医院去世，年仅58岁，临终时还欠了朋友几千美金。

3亿得主惨遭杀害

2006年，亚布拉罕·莎士比亚中得3亿大奖，随后便被自己刚刚认识的朋友杀害。在死前几个星期，他曾告诉母亲，他真希望自己从没有中过奖。因为在中奖后，他身边的家人和朋友都在找他要钱。而凶犯穆尔以保护莎士比亚远离那些贪婪的人为名，将其杀害，法官说，这女人"冷酷、精明、残忍"。

亿元得主因嫖妓加吸毒入监

2002年，26岁的米切尔·卡罗尔中得1550万美元（约合1亿元人民币），但瞬间被他全部花在派对、可卡因、妓女、豪车以及首饰上，并在西班牙买了栋别墅。后来，因为不堪忍受他的堕落，妻子和孩子离他而去。2006年，卡罗尔因与人发生争执被收入监狱，之后又因藏毒再次入狱，并需接受长达一年的毒品检测及治疗。

后来,他变得穷困潦倒,在 2012 年的时候告诉记者:"我曾经睡过不下 4000 个女人,一天就曾睡过 20 个。"他还说,金钱是一切罪恶的源泉,它会把人给摧毁。

中奖者破产率远高于普通人

不少新闻曾报道,有的中大奖得主不珍惜奖金,甚至有 75% 的中奖者几年后面临财政危机。而美国肯塔基大学、匹兹堡大学和范德堡大学的经济学家,曾以"一个陷进财政危机的人得到大笔资金时会发生什么"为题,做过一个研究。他们搜集了 1993 年至 2002 年,美国佛罗里达州某种彩票玩法,奖金从 600 美元至 15 万美元约 35000 名中奖者,并且调查这些人的信用记录后发现:5~10 万美元的中奖者,两年内破产率 1.03%,五年内破产率 5.45%;10~15 万美元的中奖者,两年内破产率 0.68%,五年内破产率 4.08%。

这个研究结果刊登在 2011 年 8 月的《经济与统计学评论》杂志上,比较之下,大奖得主破产率比普通民众高。为什么中奖者会破产?芝加哥大学行为科学教授查德·塞勒曾提出心理账户的概念。他认为,除了钱包这种实际账户外,人的头脑里还存有心理账户,人们会在心理上把客观等价的支出或收益放在不同的账户里。比如,我们会把工资放到"勤劳致富"的账户,把彩票中奖的钱放到"意外之财"的账户,"勤劳致富"的钱会花得很谨慎,而"意外之财"的钱更容易挥霍掉。

再者,中奖者的平均收入水平和教育水平普遍较低,这也是原因之一。好在美国有分期领奖的制度，中奖者可以把钱分成几十年，像领工资一样每年领取一定的金额，这在一定程度上控制了中奖者的破产速度，不然情况还会更严重。

这种情况在中国也是十分常见的：2008 年某小伙随手买的福利彩票竟然中了千万大奖，抛弃发妻之后他开始肆意挥霍，四年后他才意识到自己已经破产，在卖了车子抵押了房子之后，他又用信用卡恶意透支了 19 万元，然后远走他乡。被警察抓住时，他全身上下只有 80 元。

很多中了巨奖的人，都经历了由暴富到破产，甚至还不如之前生活的人生悲剧。

当然，我相信，正在看这本书的你，如果能获得中巨奖的机会，你会好好把握，但是这些新闻和真实的案例，都说明了——幸福和不劳而获无关。

不劳而获，能够带来短暂的幸福感和满足感，而人类真正的幸福机制，写在我们基因中的幸福模式，其实是"劳动——奖励——幸福"。

人类的幸福是：通过劳动，获取奖励，然后感到幸福。

正是这种积极的模式，使人类在满足生存所需外，比其他动物更加勤劳，也正是这种模式，使人类能够熬过艰苦的原始时代，通过大量的体力和脑力劳动，保障了人类的生存和发展。

想象几十万年前的原始人类，在结束一天的狩猎或者耕种后，回到自己的居住地，面对收获的那种由衷的喜悦。正是这种简单、直接、条件反射般的愉悦感，使我们能够不仅为了当下，还为了未来而劳动。

科学家通过对人类奖励机制的研究，发现这种机制是由人类大脑中的伏隔核、纹状体以及前额叶皮层共同构建的。

纹状体的作用是控制身体劳动，前额叶皮层控制的是人类的思维过程，伏膈核是大脑中管理愉悦和奖赏的中心，三者共同协作，构成了人类"劳动——奖励——幸福"的机制。

如果没有通过纹状体和前额叶皮层的工作，直接刺激前额叶皮层，直接给予奖励，人类也会感到愉快，但是这种愉快既不长久也不充实，它带来的愉悦，会随着时间的推移而变淡。

人类的幸福感和劳动的关系如此之密切，以至于缺少任何一个环节，劳动奖赏愉悦的机制就无法正常运行，人类就无法获得真正的幸福感。

☞ **自我超越，意味着成为更好的自己**

你什么时候会有成就感？

每个人的答案可能各不相同，但是我这里有个标准答案，相信大家不会反对，那就是：在所有人都认可我的成就时。

事实上真的如此吗？这"所有人"里，是不是还缺了一个人呢？没错，它所指的所有人，并没有提到"你自己"。

我们最大的误解，就是误以为，当外界的人都认可我们时，我们就会感到快乐，而忽视了自己内心真正的感受。

我要告诉你的是：即使有一天，你功成名就，但如果你内心不认可你自己，你也不会开心的。

你会说：怎么会呢？为什么别人都认可我了，我还不开心？

我认识一位著名的编剧，他早年担当编剧的一部喜剧家喻户晓，这部喜剧以我国某个名著为蓝本，以一部成功的喜剧电影为模仿对象，进行了解构和更戏剧化的处理，在那几年火遍全国。

以至于，大多数人一听到这位编剧的名字，就立刻向他贺喜，或者向他表示自己对这部作品的喜爱。

但是我注意到，他对于别人的夸奖十分敷衍，甚至显得并不开心。

后来我问他："为什么别人夸奖你的那部作品时，你看起来并不开心呢？"

他说："其实我特别烦别人提这个作品。最后出来的作品，虽然很受观众的喜爱，但是和我一开始想要的作品南辕北辙，他们只是借了我的名气和故事框架，我一开始对它寄予了很高的期望，希望它能够以严肃的形式阐述我的哲学、甚至具有禅意的思想，但是最后出来的作品却是彻头彻尾的喜剧。我并不是说喜欢这部剧的人水准较低，只是觉得它不应该是现在这个样子。"

我没想到他会对我敞开心扉，但是从他的自述中，我们很容易明白一个道理：如果我们内心并不认可自己的成就，那么即使所有人都向我们道喜，认可我们的成功，我们也不会感受到由衷的快乐。

想一想，如果我们做的是自己不喜欢的事情，即使做得很成功，我们也不会快乐。

所以，如果要做，就一定要做自己喜欢的事情，还有一个选择就是，喜欢你做的事情，喜欢你已经做出的选择。

在斯坦福大学的演讲中，乔布斯声情并茂地说：

你得找出你的最爱，工作上是如此，人生伴侣也是如此。

你的工作将占掉你人生的一大部分，唯一真正获得满足的方法就是做你相信是伟大的工作，而唯一做伟大工作的方法是爱你所做的事。

如果你还没找到这些事，继续找，别停顿。全心全力，你知道你一定会找到。而且，如同任何伟大的事业那样，事情只会随着时间愈来愈好。所以，在你找到之前，继续找，别停顿。

……

我十七岁时，读到一则格言，好像是"把每一天都当成生命中的最后一天，你就会轻松自在。"

这对我影响深远，在过去 33 年里，我每天早上都会照镜子，自问："如果今天是此生最后一天，我今天要做些什么？"每当我连续太多天都得到一个"没事做"的答案时，我就知道我必须有所改变了。

还有就是关于你想要成为什么样的人。

"记住你即将死去"是我一生中遇到的最重要的箴言。它帮我指明了生命中重要的选择。因为几乎所有的事情，包括所有的荣誉、所有的骄傲、所有对难堪和失败的恐惧，在死亡面前都会消失。我看到的是留下的真正重要的东西。你有时候会思考你将会失去某些东西，"记住你即将死去"是我知道的避免这些想法的最好办法。你已经赤身裸体了，你没有理由不跟随自己内心的声音。

……

但是死亡是我们共同的终点，没有人逃得过。这是注定的，因为死亡很可能就是生命中最棒的发明，是生命交替的媒介，送走老人们，给新生代开出道路。现在你们是新生代，但是不久的将来，你们也会逐渐变老，被送出人生的舞台。抱歉讲得这么戏剧化，但这是真的。

你们的时间有限，所以不要浪费时间在别人的生活里。不要被教条所局限，盲从教条就是活在别人的思考结果里。不要让别人的意见淹没了你内在的心声。最重要的，拥有追随自己内心与直觉的勇气，你的内心与直觉，已经知道你真正想要成为什么样的人，任何其他事都是次要的。

后记：点亮心灯

感谢大家为了自己生命的成长与突破来看这本书，我写这本书的目的就是：为你照一面真实的镜子，使你进入灵魂与真我的觉醒之旅。在这个旅途中，我能贡献给你的是我的真实、使命和对生命的敬畏，你能够依靠我的也是我的真实、使命和对生命的敬畏之心。

在最后我想给大家讲一个故事：

有一个商人，他的事业非常成功，拥有常人难以想象的财富，但是他却总感觉自己过得不快乐，因为什么他自己也说不清楚。因此，他就去找一位非常有名的智者，希望智者能够帮助自己快乐起来。

智者了解他的困扰后，给了他四个锦囊，让他前往海边，每隔一小时打开一个。

商人听从智者的安排，独自来到海边，面朝大海坐下来，将第一个锦囊打开，拿出里面的纸条，上面写着：静思和内观。

商人略微思考了一下，按照纸条上的要求，慢慢将眼睛闭上，开始思考和内观。刚开始，他发现自己无法静下心来，心情非常烦躁，但是他依然坚持。过了一段时间，他想起自己原来做的很多事情，当时自己认为是对的，但其实是错的，有些事情还非常可笑。

商人就这样静静思考了一个小时,然后他打开了第二个锦囊,上面写着:面对和放下。商人想到了自己的过去,想到了自己所碰到的诸多不如意,想到了痛苦。这种感觉让他想发泄,于是他站起来,开始在沙滩上狂奔,一边跑还一边用尽全力喊叫,直到他感觉累了,嗓子也喊哑了,才再次坐下来。

此时太阳已经落下,天色渐暗,开始涨潮的海水不断拍打着沙滩,这时他突然意识到了什么,回过头向跑来的方向看去,自己留在沙滩上的足迹已经被海水冲刷得一干二净。商人顿时醒悟:过去那些让自己感觉痛苦的事情,如果放在大自然中,是非常渺小的,一点存在过的痕迹都留不下来。自己总是想起这些事情,不过是因为心胸太狭小,如果心胸能够开阔一些,这些事情就不会再影响自己。

就这样,在奔跑和思考的过程中,一小时又过去了,这时商人打开了第三个锦囊,里面的纸条上写着:感恩和付出。

商人想到,他在事业上所取得的成就并不是他一人的功劳,他是在无数人的帮助、支持和鼓励下才走到了今天,想到这里,商人流下眼泪:"应该感恩那些帮助、支持自己的人了,应该为更多人付出。"

又过去了一个小时,商人打开了第四个也是最后一个锦囊,里面的纸条上写着:点亮心灯。

此时突然有一道光出现在他眼前,原来是远方灯塔发出的亮光。灯塔是为了给海上的船只指明方向或者指示危险,灯塔在水手的眼中还象征着希望。

商人终于找到了能够让自己生活得更加快乐的方法,他返回到城市,不再只关注自己的事业,而是将精力更多地放在他人身上,他尽自己所能去帮助那些需要帮助的人,让他们走出困境。

在这一过程中,他感受到了前所未有的平静与快乐。